녹색문화도시,

# 프라이부르크
## 읽기

# 녹색문화도시, 프라이부르크 읽기

환경, 문화, 장소라는 키워드로 본 독일의 환경수도

초판 1쇄 펴낸날 2010년 5월 18일
초판 2쇄 펴낸날 2012년 10월 12일
지은이 홍윤순
펴낸이 신현주
펴낸곳 나무도시 ‖ 신고일 2006년 1월 24일 ‖ 신고번호 제396-2010-000140호
주소 경기도 고양시 일산동구 장항동 733 한강세이프빌 201-4호
전화 031.915.3803 ‖ 팩스 031.916.3803 ‖ 전자우편 namudosi@chol.com
필름출력 한결그래픽스 ‖ 인쇄 백산하이테크

정가 18,000원

환경, 문화, 장소라는 키워드로 본 독일의 환경수도

녹색문화도시,
# 프라이부르크
읽기

글 · 사진 홍윤순

나무도시

생활자의 일상적인 시선으로 바라본
독일의 녹색문화도시 이야기!

프롤로그:
왜 프라이부르크
인가?

- 이 책의 계기

Booming up Freiburg

프라이부르크에 대한 관심이 갈수록 뜨거워지고 있다. 매스미디어의 대표격인 TV 프로그램은 물론이고, 일간지를 위시한 각종 지면 매체들도 다투어 이 도시에 대한 정보를 쏟아내고 있다. 세계의 풍물을 여행기 형식으로 소개하는 TV 프로그램인 '세계는 넓다'(2002년 3월 25일 KBS 방영)에서 촉발된 호기심은 '환경 스페셜'(2004년 5월 19일, 2005년 1월 12일 KBS 방영)과 같은 전문분야 쪽의 관심을 거쳐 TV 광고로까지 확산되었다. 2008년 여름과 가을에 걸쳐 방영된 포스코Posco의 '환경도시 프라이부르크' 라는 이미지광고는 많은 시청자들에게 이 도시에 대한 짧지만 강한 인상을 심어주었다.

영상 매체의 전개양상과 유사하게 전문분야에서 발화된 관심은 지면상의 대중 매체 쪽에서도 반복되고 있다. 전문지인 '국토'(국토연구원, 2003년 3월 발행) 등에서 보이던 관심은 대중지인 '한겨레 21'(2006년 12월 6일 발행)에서도 보이기 시작하다가, 이제는 다수의 신문 지면(중앙선데이 2008년 12월 28일, 2009년 1월 18일, 세계일보 2009년 5월 17일, 한국일보 2009년 6월 13일 등)에서도 프라이부르크를 만날 수 있다.

프라이부르크에 대한 대중적 호기심을 넘어 그들의 기술적·행정적

노하우를 취하고자 하는 지자체와 환경단체 역시 넘쳐나고 있다. 서울시 오세훈 시장의 현지 방문(2007년 1월)과 환경분야의 교류를 위한 협약 체결(2009년 7월), 행정중심복합도시 건설청의 녹색도시 만들기 기술협력지원 및 그린인포센터 유치 협약(2009년 7월), 순천시와 평택시의 기술교류관련 양해각서(MOU) 체결(2009년 9월) 등을 위시하여 인터넷에서 이 도시의 이름을 검색하면, 국내의 여러 도시들과 많은 인사들이 '환경 · 교류 · 협약 · 탐방 · 견학' 등의 어휘들과 함께 떠오른다. 이렇듯 프라이부르크라는 도시에 대한 관심은 어느 때부터인가 하나의 패션처럼 사람들 사이를 떠돌고 있다.

이 도시에서 무엇인가를 배우려는 노력은 비단 우리나라뿐만 아니라 다른 여러 나라에서도 공통적으로 발견되는 현상이다. 세계 각국의 정부, 지방자치단체, 환경단체, 언론 등에서 프라이부르크를 찾는 발길이 늘자, 오죽하면 프라이부르크에서 시찰 프로그램을 전문적으로 제공하는 업체들이 생겨났을까? 또한 이들 업체에 약 600유로를 지불하면서 하루 일정으로 이 도시를 둘러보는 프로그램이 성황을 이룰까? 근래 프라이부르크에는 이러한 시찰 전문업체와 환경교육 분야에서만 700여개의 일자리가 창출되었다고 소개(2009년 1월 18일 중앙선데이)되고 있는데, 이러한 힘은 어디에 기반하고 있는 것일까?

## 깊어지는 호기심 그리고 기회

대부분의 현대인은 "수많은 관계가 구조적이고도 동태적으로 작용하는 '도시'라는 집합환경"에서 환경과 상호작용한다. 따라서 우리의 도시를 지속가능한 삶의 터전으로 만들고 유지하기 위해서는 도시환경 속에 내재한 '관계성'에 더 깊게 천착할 필요가 있다. 이와 같은 맥락에서 도시환경을 다루는 계획가나 설계가는 일상 속에 내재한 다층적 관계구조를 헤아리면서 바람직한 방향을 고민하고 모색해나가야 할 것이다. 특정 도시와 그 도시의 환경을 구성하고 있는 다양한 시스템에 대한 고찰 역시 이와 크게 다르지 않다. 그 도시에 내재되어 있는 힘과 역학 관계에 대한 면밀한 관찰과 검토가 기본적인 바탕이 되어야 한다. 이는 기존 자료의 검토만으로는 갈증을 채우기 어려운 이유이기도 하다.

그렇지만, 이런 이유 때문에 프라이부르크에 머물면서 그 내밀한 속살을 들여다볼 계획을 세운 것은 아니었다. 프라이부르크를 다룬 여러 매체들의 영향도 무시할 순 없지만, 사실 프라이부르크라는 도시와 그 환경에 대한 관심은 개인적인 계기에서 싹텄음을 고백한다.

2007년과 2008년의 12월, 두 번의 겨울방학을 이용해 이 도시 외곽

에 소재한 학교에서 유학중이던 큰아이를 격려하러 갔다가, 자연스럽게 프라이부르크의 곳곳을 둘러보게 되었다. 이 도시에 대한 첫 인상은 강렬하다고 할 수 없었으나, 다른 여느 도시와 다른 것이 사실이었다. 그리고 다시 일상으로 돌아와서도 형언키 어려운 그 느낌이 잘 지워지지 않았다. 오히려 무심코 지나친 도시 구석구석의 정경이 새롭게 반추되곤 하였다. 어떤 이유에서였을까? 그리고 이맘때쯤 앞서 언급하였듯 프라이부르크에 대한 관심들이 여기저기에서 넘쳐나기 시작했다.

그 후 필자는 해외 연구년 제도의 수혜자로 선발되어 2009년 1월부터 거처할 도시를 고민하여야 했고, 결국 프라이부르크를 선택하였다. 그리고 이 기간을 보다 알차게 보내기 위해 이 책을 준비하기 시작했고, 동시에 관련 잡지에 연재가능성도 타진해 보았다. 다행히 환경과조경사는 계간 〈조경생태시공〉의 귀중한 지면을 할애해 주었다. 이에 이 책의 일부 내용은 2009년 여름호부터 2010년 봄호까지 4회에 걸쳐 '독일의 환경·문화도시 프라이부르크 이야기' 라는 제목으로 연재했던 내용을 근간으로 하고 있음을 밝혀둔다. 아울러 잡지의 지면 제약 때문에 상세히 소개하지 못했던 내용을 대폭 보강하고, 누락되었던 항목을 새로이 추가하였다는 점 역시 알리고자 한다.

■ ■ 책을 펴내며

이 책의 시선

이렇듯 본서는 필자의 연구년을 지탱케 한 개인적 기록이자 작은 성과이다. 그러나 '개인적 기록'을 신변잡기의 이야기와 동일시하여 가뜩이나 번잡한 강호에 누를 더하고 싶지는 않았으며, 오히려 가능하다면 '작은 성과'를 목표로 하였음을 감히 밝히고자 한다. 필자 역시, 정보들의 단순한 나열과 표피적인 소개에 그쳐온 여행과 탐방, 견문의 기록에서 많은 아쉬움을 느끼곤 했었다. 이에 나는 가능하다면 도시의 공간과 환경을 다루는 조경가라는 전문가의 입장에서, 그리고 여행자의 일시적인 호기심이 아니라 잠깐 동안이나마 이 도시에 머물러 사는 생활인의 관점에서 프라이부르크라는 텍스트를 보다 심층적으로 읽어보기로 다짐하였다. 이러한 시도는 보다 바람직한 도시환경을 지향하는 조경 행위와 여러 갈래에서 상통한다고 믿었기 때문이다.

인간 모듬살이의 터전인 도시는 상황과 입장이 제각각인 까닭에, 저마다 다른 여건을 기초로 고유한 개성을 갖추어야 한다. 따라서 우리가 사는 지구 반대편의 도시인 프라이부르크를 통해 우리 도시의

나아갈 바를 훈고학적으로 설파하려는 시도는 무의미한 작업이라 할 수 있다. 하지만, 필자는 세계적인 경쟁력을 갖춘 도시의 환경을 찬찬히 뜯어보고, 취할 것과 버릴 것을 가려 저마다의 도시 상황에 맞는 방향을 모색해나간다면, 인간 스스로 만들고 생활하는 도시의 다채로운 가능성을 보다 확장할 수 있지 않을까 기대했던 것은 사실이다.

다만, 프라이부르크의 노하우와 시스템을 본받을 필요가 있을 경우에도, 맹목적인 수용이나 표피적 답습을 넘어 그 저간에 있는 매커니즘까지를 이해하고 실천하려는 또 다른 노력이 반드시 더해져야 할 것이다. 이것이 열려있는, 그리고 변해가는 세계 속에서 우리가 갖추어야 할 태도일 것이다.

## 논점과 서술방식

이 책을 기획하며 가능한 범위 내에서 다음과 같은 시각을 견지하고자 하였다. 먼저, 보다 총체적 관점에서 이 도시를 읽고자 하였다. 그동안 '독일의 환경수도'로 언급되어온 프라이부르크는 대부분의 경우, 특히 '생태적' 관점에서 조명되어온 것이 사실이다. 그러나 나는 이러한 해석 관점으로 인해 '보존과 개발', '생태와 디자인'이 융합되지 못한 채 이항대립구조로 파악되는 것을 경

계하고자 하였다. 즉, 건강한 도시환경을 위해 이들 관점은 통합되어
야만 하며, 이곳 프라이부르크는 이러한 통합 사례를 부분적으로나마
대변할 수 있다고 여겼다. 이는 생태 혹은 환경이라는 한정된 시각에
매몰되어 온 이 도시에 대한 논의를 사회적·문화적 관점까지로 끌어
올리면서 다양한 역학관계의 관계성을 탐색하기 위한 시도라 할 수
있다.

　또한 논점을 충실히 하기 위한 방편으로, 프라이부르크라는 텍스트
에 대한 객관적 사실을 가급적 충실히 서술하면서, 무리하지 않는 범
위 내에서 필자의 주관적 체험과 느낌을 덧붙이고자 하였다. 굳이 이
야기하자면 현상학과 해석학이라는 기술상의 방법론이 그것으로, 공
교롭게도 이곳의 프라이부르크 대학을 배경으로 후설의 현상학과 하
이데거의 해석학이 탄생했다는 사실은 이 도시를 관찰하는 필자에게
묘한 느낌으로 다가왔다.

　아울러 독립되어 있는 각 장의 머리글에 해당하는 개괄 부분과 마지
막 장을 통해, 프라이부르크라는 도시와 관련된 이슈들이 오늘날 우
리에게 던져주는 메시지를 병치시켜 보고자 하였다. 이러한 방식의
구성을 통해 '녹색성장'과 같은 시대적 키워드뿐만 아니라, '환경적
중층성environmental complexity', '장소성placeness', '도시의 사회학urban
sociology', '도시의 정체성city identity', '맥락주의contextualism' 등 계획·

설계분야에서 비중있게 거론되고 있는 키워드들을 이 도시의 현상을
통해 견주어 읽어볼 수도 있을 것이다.

## 주요 내용의 구성

앞서 언급한 관점을 바탕으로 구성된 이 책은
다음과 같은 내용을 담고 있다.

1장은 도시읽기의 첫 단추로서 우선 도시의 입지 여건을 개괄적으
로 살펴본 다음, 이를 기반으로 세계적인 환경수도로 주목받고 있는
프라이부르크만의 중층적 키워드를 통해 '이 도시의 경쟁력'에 대해
생각해보고자 했다. 여기에서 프라이부르크를 프라이부르크답게 만
드는 특징으로 골라본 15개의 키워드들은 '자유, 자유교역, 자치',
'태양, 바람, 물', '여가, 휴양, 관광', '대학, 문화, 축제', '환경, 에너
지, 교통' 등 5가지 범주에 수렴된다.

2장은 프라이부르크라는 '하드웨어'를 형성한 원동력에 대한 고찰
로, 도시의 소프트웨어와 시스템에 대한 이야기이다. 우리가 무심히
접하는 도시라는 실체 뒤에는 이를 가능케 한 조영造營의 논리와 철학
이 숨어있기 마련이다. 때문에 선례에 대한 연구는 표피적 고찰을 넘
어, 그 내면의 동인動因을 추적하는 방향으로도 접근될 필요가 있다.
하여 도시를 움직이는 시스템의 바탕을 들여다보고자 했으며, 그 안

에서 작동되는 소프트웨어에 주목하고자 하였다.

3장에서는 도시의 오픈스페이스와 매력적인 장소들을 전통적 구도심과 확장된 근교지역, 그리고 교외지역으로 구분하여 살펴보았다. 프라이부르크의 구도심은 전통적 환경이 잘 보존된 특화구역인 까닭에, 가능한 범위 내에서 작은 환경자원까지도 적극적으로 소개하고자 하였다. 반면, 도심 기능을 보완하는 근교지역은 중대규모의 환경들을 위주로 정리하였으며, 더불어 도시외곽 흑림지역의 일부 산간마을을 소개함으로써 프라이부르크의 또 다른 진면목을 느낄 수 있도록 하였다.

4장에서는 프라이부르크를 세계적인 환경도시로 부각시키는데 결정적으로 공헌한 생태주거단지 보봉Vauban과 리젤펠트Rieselfeld를 다루었다. 이 부분을 독립된 장으로 구성한 것은 이들 환경이 만들어지기까지의 고민과 과정, 그리고 공간구조와 같은 단지계획의 특징뿐만 아니라 답사과정에서 발견할 수 있었던 다양한 정보들을 최대한 소상히 소개하기 위함이었다.

5장에서는 프라이부르크의 대표적인 환경요소에 집중하였다. 즉, 앞선 장에서 장소와 공간 등 주로 면적인 환경에 초점을 맞췄다면, 여기서는 프라이부크를 다른 도시와 구별짓게 하는 환경요소와 디테일에 방점을 찍어보았다. 프라이부르크를 더욱 개성 넘치게 하는 수경요소 베힐레Bächle와 모자이크mosaic라는 독특한 포장방식을 중요하

게 다루었으며, 더불어 간판과 조형요소, 가로시설물 등의 특징을 개괄적으로 살펴보았다.

### ▪▪▪ 감사하며

1년간의 낯설고, 말 설고, 물 설은 객지생활을 무탈하게 마칠 수 있도록 도와주신 많은 이들에게 감사드린다. 먼저 소중한 재충전의 기회를 허락한 학교 당국과 동료 교수님들께 감사의 말씀을 전한다. 또한 '이곳이 휴양지야 유배지야?' 하고 혼돈스러워 할 때 든든히 옆을 지켜준 아내에게 고마움을 표해야 할 것 같다. 아무래도 외로움을 탈 수밖에 없는 이국생활에서 '가족'은 원동력 그 자체였다. 그리고 많은 이들이 힘을 보태 주었다. 특히 물적 · 심적 격려를 아끼지 않은 여러 친우들께 감사한다. 또한 나무도시의 남기준 편집장의 도움이 컸다.

의욕을 가지고 기획하였으나, 조그만 정리에 만족하여야 할 이 책이 환경과 문화가 공존하며 상보하는 도시적 매커니즘을 이해하는 데에 기여하고, 나아가 우리 도시를 건강하고 풍요롭게 하는 데에 일조할 수 있다면 그 이상의 기쁨은 없을 것이다.

프라이부르크의 고즈넉함을 그리워하며
2010년 5월
홍윤순

# C·O·N·T·E·N·T·S

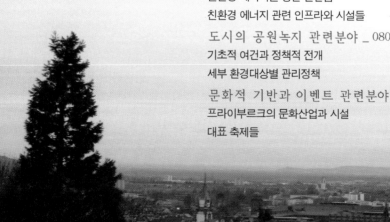

첫번째,

# 파노라믹
# 프라이부르크

프라이부르크는 작지만 강한 도시라고 할 수 있다. '강한 도시'라는 의미는 도시에 내재된 다양한 스펙트럼에서 독자적 개성과 경쟁력이 분출될 때 사용할 수 있는 표현이지 않을까 싶다. 본 장에서는 유사한 단어 세 개씩을 조합하여 5개 국면의 총 15개 어휘들을 '프라이부르크를 특징짓는 키워드' 로 꼽아 보았다. 이들은 물론 필자 자신이 여러 자료들을 취합 정리하는 과정에서 추출한 단어들로서, 서론에 해당하는 본 장에서 이들에 담긴 함의를 간략히 설명하고자 하였다. 필자의 성급한 판단일지는 몰라도, 이들 중층적인 키워드 모두는 프라이부르크의 정체성과 경쟁력을 설명하는 데에 빠질 수 없는 내용이 아닐까 싶다. 이렇듯 프라이부르크라는 도시의 성격은 마치 파노라마처럼 다채롭다.

# ✚ 개 괄

프라이부르크의 문장

어떤 도시를 본격적으로 탐색하기에 앞서, 그 도시와 관련된 핵심적인 '사전정보' 를 어느 정도 숙지할 필요가 있을 것이다. 물론 이러한 사전정보로 인해 불필요한 '선입관' 을 갖게 될 위험성도 배제할 수 없지만 말이다. 그러나 이미 많은 독자들이 프라이부르크를 '독일의 환경수도' 라고 '선입관' 처럼 인지하고 있는 것이 사실이다. 이럴 바에야 도시의 입지와 수상내역과 같은 객관적 자료들과 더불어, 이 도시에 내재되어 있는 다양한 스펙트럼을 조감케 하는 것이 고정된 선입관을 해제시킬 수 있는 방안으로 여겨진다. 그리고 이들 사전정보의 진위와 타당성을 이후에 전개될 각 장에서 확인하는 것 역시 도시 이해의 방법론상 나쁘지 않을뿐더러, 오히려 논점 전개에 도움을 줄 것으로 보인다.

결론적으로 프라이부르크는 작지만 강한 도시라고 할 수 있다. '강한 도시' 라는 의미는 도시에 내재된 다양한 스펙트럼에서 독자적 개성과 경쟁력이 분출될 때 사용할 수 있는 표현이지 않을까 싶다. 본 장에서는 유사한 단어 세 개씩을 조합하여 5개 국면의 총 15개 어휘들을 '프라이부르크를 특징짓는 키워드keywords' 로 꼽아 보았다. 이들은 물론 필자 자신이 여러 자료들을 취합 정리하는 과정에서 추출한 단어들로서, 서론에 해당하는 본 장에서 이들에 담긴 함의를 간략히 설명하고자 하였다. 필자의 성급한 판단일지는 몰라도, 이들 중층적인 키워드 모두는 프라이부르크의 정체성과 경쟁력을 설명하는 데에 빠질 수 없는 내용이 아닐까 싶다. 이렇듯 프라이부르크라는 도시의 성격은 마치 파노라마처럼 다채롭다.

프라이부르크라는 도시를 일견하는 '맛보기' 에 해당되는 1장의 내용은 이후 전개될 세부내용에서 보완 설명될 것이며, 이를 토대로 독자 스스로 이 도시의 정체성을 가늠할 수 있을 것이다. 그러나 바쁜 마음에 한마디 더 거들자면, 프라이부르크는 우수한 도시의 입지를 발판으로, 강력하고 다양한 특성들로 무장하는 한편, 총체적인 관점에서 장기적이고 일관된 투자를 통해, 도시의 경쟁력을 강화하면서 여러 찬사들을 받고 있다는 것만은 거의 분명해 보인다.

## ⚜ 프라이부르크라는 도시

### 도시의 입지 맥락

　사실 독일에는 프라이부르크Freiburg라는 도시가 두 군데 있다. 하나는 북부 쪽 니더작센Nidersachsen 주에, 나머지 하나는 남서부 바덴뷔르템베르크Baden-Würtemberg 주 거의 끝단에 위치한다. 우리가 살펴볼 프라이부르크는 이들 중 후자의 도시이다. 프라이부르크는 2009년 말 현재 약 150㎢의 면적에 23만 명의 인구가 사는 크지 않은 도시이다. 우리나라에서 독일을 방문할 때 이용하게 되는 프랑크푸르트Frankfurt 국제공항에서는 약 3~4시간 고속철도를 타고 남측으로 내려와야 이 도시에 도착할 수 있다. 반면, 유럽 내에서는 스위스 바젤Basel, 프랑스 물하우스Mulhouse, 독일의 프라이부르크Freiburg를 세력권으로 하는 유로에어포트 Euro Airport와 70km 정도밖에 떨어져있지 않아 자동차로 45분, 기차로도 1시간 이내로 접근할 수 있다. 프라이부르크는 도시의 경계로부터 라인Rhein강 쪽의 프랑스 국경과 약 3km, 스위스 바젤 쪽으로는 약 42km가 이격되어 있는 것이다. 다음의 그림은 이 도시의 국제적인 접근성을 보여주는 위치도로서, 주변도시 및 철도교통과의 관련성을 보여준다. 도면에 잘 나타나 있듯, 프라이부르크는 서쪽으로 스트라스부르크Strasbourg, 콜마Colmar 등의 프랑스 도시들과, 남쪽으로는 취리히Zürich와 바젤Basel 등의 스위스 도시들과 밀접하게 연계되어 있다.

유럽의 중심 프라이부르크(자료출처: Freiburg im Breisgau, Freiburg Green City)

광역접근성을 나타내는 도시의 위치도(자료출처: Freiburg im Breisgau, Freiburg Green City)

　이렇듯 독일 남서부 끝단에 위치한 프라이부르크의 국지적 입지 특성은 독일과 프랑스 및 스위스, 더 나아가 오스트리아를 잇는 관문도시로서의 성격을 갖추고 있다. 그러나 유럽 전역으로 범위를 확대해 보면, 경제뿐만 아니라 정치적으로도 통합될 유럽의 중심적 입지를 점유하는 것 역시 알 수 있다. 도시의 이러한 입지 특성은 오늘날 프라이부르크가 유럽의 남북과 동서를 잇는 관문도시로서의 성격을 넘어, 유럽의 중심적 기능을 수행케 하는데 매우 유용하게 작용한다.

바덴뷔르템베르크 주의 현재 공식 문장

　　　　　　　　　　독일 내 프라이부르크가 속해 있는 주의 이름을 바덴뷔르템베르크Baden-Württemberg라고 부른다. 라인Rhein, 네카Necker, 도나우Donau강 등이 굽이쳐 흐르는 이 주의 주도州都는 슈투트가르트Stuttgart이며, 이 주 안에는 우리가 논할 프라이부르크를 제외하고도 만하임Mannheim, 하이델베르크Heidelberg, 칼스루에Karlsruhe, 바덴바덴Baden Baden, 울름Ulm 등의 도시가

바덴뷔르템베르크 주의 영역을 자유롭게 이용
할 수 있는 5인 가족용 일일 티켓. 자동화기기로
구매하는 작은 티켓은 더욱 값이 저렴하지만,
공히 서명 후 사용해야 한다.

바덴뷔르템베르크 주의 철도교통체계도(자료
출처: DB Regio AG)

분포한다. 흑림 슈바르츠발트의 영향을 받으면서 남부독일의 거점을 형성하
는 이들 지역에는 아름다운 관광지들이 산재해 있다. 여행안내책자는 이들의
아름다운 도시공간과 길을 엮어 흔히 '판타지 가도와 흑림Fantastische Straβe &
Schwarzwald'이라는 주제의 여행루트로서 추천하고 있다.

위의 그림은 철도교통이 특히 발달해 있는 독일 내 바덴뷔르템베르크 주의
철도네트워크 체계를 보여주며, 그림 왼쪽 하단부에 5번으로 표기된 도시가
프라이부르크이다. 참고로 여기 표기된 철도노선 중 급행노선(ICE, IC 등)을 제외
한다면 5인 가족이 30유로 정도의 비용으로 하루 동안 무제한 이용할 수 있다.

독일은 오래전부터 지방자치제도가 정착되어 지역개발의 효과가 전국적으
로 비교적 고르게 파급되어온 까닭에, 우리나라처럼 몇몇 도시에 인구가 과도
하게 집중되는 현상이 보이지 않는다. 이에 독일 내 도시의 경쟁력은 면적이나
인구 규모로서가 아니라, 그 도시의 개성과 정체성을 통해서 드러난다. 작은
도시 프라이부르크는 독일, 나아가 세계의 환경수도로서 바덴뷔르템베르크

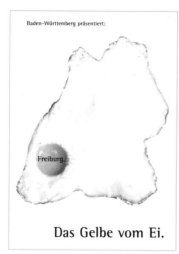

Baden-Württemberg präsentiert:

Freiburg.

**Das Gelbe vom Ei.**

바덴뷔르템베르크 주의 '노른자 도시' 프라이부르크를 나타내는 우편엽서

주의 '노른자 도시' 라는 자긍심을 관광엽서를 통해 여과 없이 드러내고 있다.

프라이부르크는 검은 숲Black Forest을 의미하는 '흑림-슈바르츠발트Schwarzwald' 의 핵심도시로서, '흑림의 수도Black Forest Capital' 라는 별칭으로 지칭되곤 한다. 동화 '헨젤과 그레텔' 의 배경무대이기도 한 흑림은 남부 독일 쥐라산맥 서쪽 면에 펼쳐진 길이 200킬로미터, 폭 60킬로미터의 울창한 삼림지대를 지칭한다. '흑림' 이라는 명칭은 전나무와 가문비나무 위주의 진한 색 수림이 햇빛이 들어오지 못할 정도로 울창한 데에서 유래된 명칭이라는 것이 통설이다. 하지만 혹자는 과거 무역도시 시절, 프라이부르크의 물류와 돈이 이 산림을 통과할 때, 산적을 만나는 일이 많아 어둠을 상징하는 '검은 색' 으로 표현되었다고도 한다. 어찌되었든 이렇듯 울창한 흑림은 계획적인 인공조림의 산물이라는 점에서 산림경영의 모범을 유럽 전역에 전파한 독일의 자랑이며, 제2차 세계대전의 패망 당시 이 산림자원을 요구한 연합군으로부터도 지켜낸 독일인의 자존심이기도 하다.

프라이부르크는 흑림의 남부지역과 여기에서 발원한 드라이잠Dreisam강 상류지역의 많은 부분을 도시의 세력권으로 두고 있다. 흑림과 관련된 프라이부르크의 이러한 입지조건은 도시 내 남·북 방향의 산악지대를 포함하여 약 6,400ha의 산림을 분포케 함으로써, 행정구역 면적의 3분의 1 이상이 녹지로 형성되는 '푸른 도시' 를 가능케 하고 있다.

프라이부르크의 시가지는 뮌스터Münster 대성당을 중심으로 한 전통의 구도심 Alt-Stadt과 확장된 근교지역으로 구분된다. 우측 작은 도면에 박스로 표기된 부분

▷ 광역입지맥락. 도면 중앙부 우측에 흑림에 기대어
있는 도시 프라이부르크가 위치해 있다(자료출처:
Freiburg official guide).

◁ 도시 입지(자료출처: Freiburg im Breisgau(2007.8),
Die City im Maβstab-Citymap mini(1: 50,000))

정도가 구도심의 영역이다. 과거 성읍도시 시절, 구도심의 경계를 이루었던 성
곽은 현재 대부분 소실되었으며, 제2차 세계대전 당시 뮌스터Münster대성당을 제
외한 구시가지 대부분이 파괴되었다. 그러나 과거의 원형을 계승하면서 도심환
경을 찬찬히 재건해온 까닭에, 오늘날 '고딕의 도시'라는 평판을 다시 듣고 있
을 정도로 전통적 환경을 유지하고 있다. 현재는 고리모양이라 하여 '링ring'이
라는 접미사를 붙인 간선도로 안쪽의 구도심을 보행전용의 구역으로 특히 보
존, 관리하고 있다.

## 프라이부르크에 헌정된 영예들

이제 많은 사람들이 프라이부르크를 독일의 '환경수도Capital of Environment'로서 인식하고 있다. 1992년의 평가가 마련해준 이러한 인지도는 이 도시가 이미 오래전부터 추진해온 다양한 노력들에 대한 종합적인 평가라고 할 수 있다. 스모그와 오존에 대한 조기경보시스템의 설치와 같은 대기분야의 선구적인 업적, 제초제의 사용을 금지한 생태적 초지관리시스템, 대중교통과 친환경적 에너지 정책, 시 전역에 펼쳐져있는 녹색의 환경 등이 모여 작은 도시 프라이부르크를 주목하게 한 것이다.

이러한 영예는 과거의 것만이 아니라 오늘날에도 지속되고 있다. 즉, 1992년의 수상 이후, 프라이부르크는 환경 보호와 태양에너지 분야의 혁신적 성과들을 통해 거의 매년마다 다양한 상들을 수상해 왔다. 특히 1992년의 영예로부터 12년이 지난 2004년의 평가에 있어서도 프라이부르크는 독일환경지원재단Deutsche Umwelthilfe이 수여하는 "미래지향적인 자치단체" 부문에서 1등상을, 독일연방 태양이용대회Solarbundesliga에서 우승상을, 도시로서는 처음으로 독일 태양이용상German Solar Price을 수상하였다. 그리고 2005년 5월에는 독일의 경제주간지와 시장경제연구단체가 50개 대도시를 대상으로 실시한 '향후 발전가능성' 분야 평가에서의 1위와 '경제적으로 가장 성공한 도시' 분야의 9위를 차지했다. 이외에도 '독일 솔라부문 어워드'와 '지속가능한 도시개발부문 지자체상' 등을 수상하기도 하였다.

이러한 성과들로 인해 그린시티green city와 태양의 도시solar region 이미지를 획득한 프라이부르크는 이제 독일을 넘어 '세계의 환경수도Green Capital of the World'로까지 브랜드 가치를 높이고 있다. 이제 프라이부르크의 시민들은 그들의 도시가 독일의 환경수도임을 충분히 자부하고 있으며, 이러한 자심감은 다양한 방면으로 파급되어 긍정적이면서도 중층적인 도시 이미지를 확대 재생산하고 있다.

# ✤ 프라이부르크를 특징짓는 키워드들

## 자유, 자유교역, 자치

독일은 거의 1천 년간 제왕에게 권력이 집중되었던 프랑스와 달리, 1871년 비스마르크에 의해 통일이 되기 이전까지 여러 개의 연방국가체계가 지속되어 왔다. 이러한 행정 시스템에 의해 특정 도시에 정치권력이 집중되지 않았던 독일에서는 각 지방마다 분권과 자치가 발달할 수 있었고, 더 나아가 오늘날에도 주마다 다른 정치, 법, 제도가 존재하고 있다.

이렇듯 분권과 자치의 의식이 강한 독일 내에서도 프라이부르크의 정신은 더욱 두드러지는 특징을 보이는 바, 그 연원은 이 도시의 입지 여건과 특수한 도시 성격으로부터 찾아야 할 것 같다. 즉, 입지적으로 여러 세력의 각축장이 될 수밖에 없는 조건을 보유하였던 프라이부르크는 도시의 성격과 기능 자체를 '자유무역도시'로서 출발한 기원을 갖는다. 오늘날 이 도시의 홍보안내책자에 가장 먼저 등장하는 인물은 대개 듀크 베르톨트 3세Duke Bertold Ⅲ 때의 권력자인 콘라드 폰 재링겐Konrad von Zähringen이다. 재링겐은 1091년 이 도시를 형성하면서 그 명칭을 '프라이부르크 임 브라이스가우Freibrug im Breisgau'로 칭하였으며, 인접한 지역 및 국가 간에 자유교역을 행할 수 있는 특권을 이 도시에게 부여하였다. 도시 명칭 앞부분의 Frei라는 어휘는 영어의 free와 같은 '자유' 즉 '자유교역'을 의미하고, brug는 '성城'을 뜻한다. 프라이부르크를 이루는 핵심 언어 '자유'는 도시 명칭과 도시의 기능으로서 뿐만 아니라, 이 지역의 정신적 풍토를 형성하고 있다. 더 나아가 1457년 프라이부르크 대학Albert-Ludwigs Universitaet의 설립에 의해 도시의 자유정신은 더욱 강화된다. 이러한 시민 주체의 자치의식은 근대를 지나면서 환경운동으로 계승·발전되기도 하였다.

태양, 바람, 물

　독일 내 프라이부르크의 자연환경은 매우 우수한 편에 속한다. 즉 이 도시는 흔히 음산한 것으로 회자되는 일반적인 독일의 기후와 달리, 풍부한 일조량과 청명하고 따뜻한 기후를 자랑한다. 연간 약 2,000 내지 2,400시간의 일조량으로 독일에서 가장 햇볕이 많고 따뜻한 도시로 손꼽히는 프라이부르크는 햇볕이 적었던 2007년에도 1,740시간의 통계를 기록함으로써, 독일 내 가장 일조량이 풍부한 도시의 명성을 유지했다. 이와 같은 일조량은 독일 내 다른 도시보다 10에서 20% 높은 것으로, 시가지 내 야자수의 생육이 가능한 수준이다. 이러한 자연환경에 의해 이 도시가 속한 바덴Baden지역은 일찍부터 유럽 제 2의 '백포도주 산지'로 명성이 높았으며, 흑림에 기대어 있는 여건에 의해 '여가와 휴양의 도시'로, 그리고 근래에는 '태양에너지의 도시solar region'로 성장할 수 있었던 원동력이기도 했다.

　프라이부르크를 상징하는 자연환경의 요소이자 에너지 자원인 '태양'에 더하여 '바람' 또한, 이 도시의 긍정적 이미지를 형성하는 데에 일조한다. 도심 근처

에 있는 슐로스베르크Schlossberg 산과 도
시의 정상부를 이루는 샤우인스란트
Schauinsland 산에는 멀리서도 쉽게 인지되
는 풍력발전기들이 그 위용을 자랑하고
있다. 친환경에너지의 도시 프라이부르
크를 웅변하듯 쉼 없이 돌아가는 이 풍력
발전시설은 프라이부르크의 또 다른 상
징으로 기능한다.

　프라이부르크는 베니스와 또 다른 느낌
을 제공하는 '물의 도시'이다. 구도심에
위치한 간선수로와 작은 도시수로 베힐
레Bächle는 중세시대 이후의 다양한 역사
적 질곡 속에서도 이어져 내려온 환경이
다. 로마시대의 산물로서 유일하게 유럽
에 남아 있는 이 도시수로는 흑림에서 발
원한 물을 드라이잠Dreisam 강을 거쳐 도
시로 유입시킨 것으로서, 통풍이 어려운
좁은 구도심에 맑은 바람을 제공하면서
이곳을 찾는 관광객을 반긴다. 프라이부
르크의 관광안내책자는 구도심 내 큰길
과 골목에 산재하는 명소를 '베힐레 투어
Bächle Tour - Historical Town Work'로 소개하
면서 외지인이 이 수로에 빠지면 프라이
부르크의 처녀, 총각과 결혼한다는 민담
을 전하고 있다.

### 여가, 휴양, 관광

프라이부르크의 우수한 자연환경은 이 지역을 독일 화이트와인의 주요 생산지로서뿐만 아니라, 여가·휴양 및 생태관광의 중심지로 기능케 하고 있다. 이러한 연유로 프라이부르크는 고령사회인 독일에서 매우 드물게 인구가 늘고 있는 도시이며, 독일인들이 가장 살고 싶어 하는 도시로도 손꼽힌다.

풍요로운 자연 속에 들어선 도시의 입지적 특성으로 인해, 일상에서 손쉽게 녹지를 접할 수 있는 곳이 프라이부르크이다. 크지 않은 도심 내부에는 서울 남산의 이미지를 닮은 슐로스베르크산이 위치하고 있을 뿐만 아니라, 작지만 매력적인 전통 공간들이 정취를 더해주고 있다. 도심 근교지역에는 다채로운 거점 공원녹지들이 풍요롭게 자리하고 있으며, 도심 근교에 새로이 입지한 생태주거단지 안에는 사회성을 촉진하는 여가관련시설이 충분히 녹아있다. 도시 외곽 흑림 속의 프라이부르크 교외지대에서는 철따라 하이킹, 트래킹, 스키, 낚시, 온천 등의 여가활동이 가능하며, 풍부한 자연환경과 맑은 공기를 활용한 요양병원 및 클리닉시설과 휴양시설 등이 발달해있다.

대학, 문화, 축제

　오늘날 11개 학부, 100여개 이상의 전공과정이 개설된 프라이부르크 대학에는 3천명 이상의 유학생을 포함하여 약 2만 2천여 명의 학생들이 학업에 매진하고 있다. 이에 교직원 등을 감안하면, 시민 6명당 한 사람이 프라이부르크 대학의 구성원일 정도로 이 도시는 대학도시로서의 성격도 갖는다. 독일에서도 손꼽히는 명문 중 하나인 프라이부르크 대학에는 철학자 마틴 하이데거Martin Heidegger(1889-1976)와 자연과학분야에서 노벨상을 받은 동물발생학자 한스 슈페만Hans Spemann(1869-1941) 등이 재직하였으며, 인문학을 위시하여 다양한 학문분야에서 큰 기여를 해왔다. 1457년 설립된 프라이부르크 대학은 1899년 독일대학으로서는 최초로 여학생의 입학을 허락한 역사 등에서 볼 수 있듯, 자유교역도시의 정신적 풍토를 떠받쳐왔다. 이 대학의 모토는 "진리가 너희를 자유롭게 하리라The truth make you Free"이다. 2007년 개교 550주년을 맞은 이 대학은 동년 독일 내 'excellence' 등급의 대학으로 선정되었으며, 거의 전 분야에서 독일 내 상위 3개 대학교에 이름을 올리고 있다. 아울러 도시환경과 유리되지 않고 어울려 있는 대학의 열린 캠퍼스는 도시의 문화가 펼쳐지는 장으로서 도시 오픈스페이스를 더욱 풍부하게 한다.

　프라이부르크는 '고딕의 도시'로도 칭해진다. 이 도시의 상징적 건축물은 높이 116m의 뮌스터 Münster 대성당이다. 건설을 시작한지 약 300년 이후인 1510년

경에 완공된 이 건물은 건설 당시의 후기 로마네스크 양식과 한참 오랜 후의 프랑스풍 고딕 양식이 공존한다. 그리고 프라이부르크 구시가지 내에는 뮌스터 대성당뿐만 아니라, 마틴스토어Martinstor, 슈바벤토어Schwabentor 등의 건물이 고전적 분위기를 더한다. 이러한 건축환경은 1368년 이래 다소간의 공백이 있긴 하나 대략 400여년 이상 합스부르크Habsbrug 가의 지배하에 있어온 영향에 의한 것이다. 이러한 특징들로 인해 프라이부르크의 건축물은 독일의 다른 도시보다도 문화적 기품과 푸근함이 묻어나오며, 남유럽의 분위기가 느껴진다.

한편, 구시가지의 영역을 넘으면 콘서트하우스Konzerthaus, 시립극장Stadttheater 등 현대적 건물군이 도시 기능을 보완하면서 도시 경관을 풍요롭게 한다. 프라이부르크 내 문화예술관련 종사단체만도 약 300여개 이상 활동하고 있으며, 이곳의 경제활동인구 중 80% 이상이 관광, 호텔 및 레스토랑업, 환경보호관련기관, 각종 행정기관 등 서비스부문에 종사하고 있다고 한다.

프라이부르크 역시 어느 도시들처럼 다채로운 축제가 개최된다. 겨울이 끝나고 봄이 시작할 때를 알리는 축제Freiburger Fasnet와 7월경에 포도의 수확을 기념하여 성황리에 개최되는 와인페스티벌 등이 특히 유명하며, 기타 갖가지 축제가 도시 곳곳에서 전개된다. 도심 근교에 위치한 대규모 전시장Messe Freiburg에서는 에너지 관련기술 등을 비롯하여 다채로운 전시가 계속 이어진다.

## 환경, 에너지, 교통

프라이부르크가 지속가능한 환경을 위해 태양광전지 및 바이오 기술개발에 매진해 온 것은 비교적 잘 알려진 사실이다. 일찍부터 환경관련 산업에 눈뜬 프라이부르크는 이 분야의 국제적 경쟁력을 충분히 보유한 것으로 평가된다. 이러한 대체 에너지의 활용분야에서 뿐만 아니라 대중교통과 자전거 이용을 위한 기간시설의 확충에 있어서도 프라이부르크는 독일에서 선두주자로 꼽힌다.

도시교통의 측면에서는 차량보다 보행과 자전거 교통을 우선하는 교통정책을 제공하기 위하여, 광역권 내 국철·트램tram·버스를 하나로 연계하는 레기오카르테regio karte라는 이름의 환경승차권을 독일 최초로 운영하고 있다. 또한, 뮌스터 대성당을 중심으로 한 구도심지역에 자동차진입금지 시스템을 도입함으로써, 차량으로부터 해방된 도심환경을 구축하고 있다. 이를 기반으로 자전거교통이 전체 교통량의 30%를 상회하는 도시, 연장거리 약 160여 킬로미터의 자전거전용도로를 운영하는 도시, 도시인구보다 많은 자전거를 보유한 도시로 이름나 있다.

프라이부르크의 환경정책은 에너지, 교통, 쓰레기, 공원녹지문제 등의 제분야가 긴밀히 연결되는 시스템을 구축하고 있는 것으로 유명하다. 프라이부르크는 상기한 환경관련정책을 효율적으로 추진하기 위하여 독일 내 대도시 중 처음으로 1986년에 환경관련부서를 신설하는 한편, 1990년에는 환경부시장제도를 채택하여 행정의 효율화를 꾀하고 있다. 이러한 노력들을 통해 프라이부르크는 독일의 환경수도로 이름을 알리게 되었다. 정치적 측면에 있어서는 2002년 5월 치러진 프라이부르크 시장선거에서 독일 내 자치단체장으로서는 처음이자 유럽에서도 유래를 찾아보기 어렵게 녹색당 출신의 인사가 당선되어 현재까지 시정을 이끌고 있다.

두번째,

# 도시를 움직이는
# 시스템과 소프트웨어

프라이부르크가 '독일의 환경수도'로 주목받아온 까닭에, 이 도시에 대한 그간의 시선들이 '환경분야' 쪽으로 편향되어온 것이 사실이다. 이는 도시 내 생태환경을 바라볼 때뿐만 아니라 이 도시의 큰 특징으로 거론되어온 친환경에너지와 대중교통체계 등을 주목할 때에도, 그리고 삶의 공간에 대해서도 거의 예외 없이 견지되어온 관점이었다. 그러나 생태적인 도시의 환경 역시 공동체적 문화를 담는 삶의 공간으로 기능하는 것처럼, 환경과 문화는 동전의 양면처럼 도시라는 총체를 함께 구성한다. 이에 필자는 환경도시로서만 비교적 잘 알려진 프라이부르크를 문화적인 관점을 보강하면서 읽어보려 한다. 이는 특정한 시각만을 통해 도시를 바라보는 '편식'을 극복하는 길이며, 다른 가치를 발견할 수 있는 가능성을 열어두기 위한 시각이기도 하다.

✣ 개 괄

오늘날의 프라이부르크가 '독일의 환경수도'로 주목받아온 까닭에, 이 도시에 대한 그간의 시선들이 '환경분야' 쪽으로 편향되어온 것이 사실이다. 이는 도시 내 생태환경을 바라볼 때뿐만 아니라 이 도시의 큰 특징으로 거론되어온 친환경에너지와 대중교통체계 등을 주목할 때에도, 그리고 삶의 공간에 대해서도 거의 예외 없이 견지되어온 관점이었다. 그러나 생태적인 도시의 환경 역시 공동체적 문화를 담는 삶의 공간으로 기능하는 것처럼, 환경과 문화는 동전의 양면처럼 도시라는 총체를 함께 구성한다. 이에 필자는 환경도시로서만 비교적 잘 알려진 프라이부르크를 문화적인 관점을 보강하면서 읽어보려한다. 이는 특정한 시각만을 통해 도시를 바라보는 '편식'을 극복하는 길이며, 다른 가치를 발견할 수 있는 가능성을 열어두기 위한 시각이기도 하다.

이러한 관점에서 본장에서는 문화 및 환경도시로서 프라이부르크의 성격을 전반적으로 개괄한 다음 친환경에너지와 도시교통, 도시의 공원녹지, 그리고 문화적 기반과 이벤트 등의 분야들을 보다 구체적으로 살펴보고자 한다. 비록 이들 분야가 프라이부르크의 총체를 대표할 수는 없겠지만, 이들을 중심기제로 환경과 문화가 조화된 도시, 프라이부르크가 작동되는 것은 거의 분명해 보인다.

문화도시로서의 프라이부르크

프라이부르크는 현대의 문화와 전통적 역사가 조화와 균형을 이루는 독특한 개성의 도시이다. 이는 미래 도시로의 변화와 전통적 맥락의 보존이 끊임없이 상호 교차한 결과이며, 과거와 현재가 조화된 문화도시를 창출하려는 시 정부의 노력이 결실을 맺은 것이기도 하다. 전통과 현대가 공존하는 프라이부르크의 정체성은 도시의 존재기반을 문화론적 반성과 밀접히 결부시키는 이 도시 나름의 고유한 문화적 전통에서 비롯된 것이라 할 수 있다. 쉽게 말해서 문화의 생성 및 보전 여부가 도시의 생존 및 성장과 긴밀히 관련된다는 인식이 그것으로, 도시의 역사를 형성하고 발전시키기 위해서는 문화를 보전하고 발전시키지 않을 수 없다는 논리이다. 프라이부르크에서 문화란 오랜 기간의 숙성과정을 거쳐 형성되는 도시의 정체성 그 자체와 다름 아닌 것이다.

특히 프라이부르크는 2차 세계대전 이후의 도시재건 과정 속에서 이 도시만의 독특한 재개발의 이념을 구현하기 위해 노력해왔다. 이는 하노버Hannover 등으로 대표

1944년 11월 27일 제2차 세계대전 당시 폭격으로 인한 뮌스터 대성당 부근의 폐허(자료출처 : 우편엽서)

되는 독일의 다른 도시들의 재건과정과 달리, 전쟁 이전의 전통적인 도시의 모습을 재현하기 위해 주력한 것을 의미한다. 이 결과 도시의 하드웨어는 '고딕의 도시'라는 명성을 되찾을 정도로 복원되었으며, 여기에 도시의 문화적 콘텐츠를 담고 강화하기 위한 노력을 기울일 수 있었다.

도시가 형성되기 시작한 12세기 이래, 프라이부르크는 산업화의 진행이 활발하였던 근대의 역사에서조차도 전통적인 관점의 산업도시를 지향하였던 적이 결코 없었다. 오히려 대조적으로 이 도시는 환경보호산업과 서비스산업에 문호를 적극 개방해왔다. 이러한 결과 오늘날 프라이부르크의 주력산업은 태양에너지, 생명과학biotechnology, 마이크로시스템 테크놀로지 등으로 첨단화되어 있다. 한편, 환경과 문화적 정체성을 추구해온 프라이부르크는 이곳 시민은 물론이고 도시교외와 근접도시의 거주민에게 상당한 문화적 영향력을 행사하고 있다. 프라이부르크에서 열리는 문화행사의 관람자 혹은 방문객의 1/3이 프라이부르크 교외주변의 주민이라는 점은 그 좋은 예가 된다.

더 나아가 문화도시로서 이 도시의 매력은 외국인과 관광객에게도 확장된다. 작은 규모의 도시임에도 불구하고 프라이부르크는 2007년 말, 백만 명을 돌파한 숙박관광객과 대학의 입지 등을 통해 '국제문화도시' 로서의 면모를 갖추고 있다. 국제교류를 위한 연구센터와 대학의 어학연수과정 등에는 외국의 많은 학자와 학생들이 몰려든다. 이렇듯 프라이부르크는 문화도시로서 다양한 문화관련 서비스나 프로그램을 제공함으로써 다양한 계층의 문화 향유자 및 소비자의 욕구를 충족시켜 왔으며, 이는 궁극적으로 경제적 잉여를 창

신구의 환경이 조화롭게 복원된 프라이부르크 도심의 시립문화회관. 1천여 명이 동시에 수용되는 문화 공간이다.

출하는 동인이 되고 있다. 또한, 문화라는 자산을 통한 도시경제의 창출은 관광객의 방문에만 한정되는 것이 아니다. 많은 기업이 직원의 복리증진을 위해 문화적 자원이 많은 도시를 선택한다. 이런 점에서 프라이부르크는 기업가에게도 매력적인 도시인 셈이다. 회사원의 근무시간뿐만 아니라, 일과 후의 주거생활환경, 혹은 여가선용 등의 측면이 사업장이 들어설 입지로서 고려대상이 되기 때문이다. 이런 측면에서 프라이부르크는 기업활동과 사생활이 쾌적하게 조화되는 도시로도 각광받고 있다.

프라이부르크와 시민이 도시문화를 가꾸어온 과정에서 무엇보다 주목해야 할 부분은, 문화에 대한 자각이 의식적 차원에 머물지 않고, 문화를 지원하고 장려하는 도시정책을 통해서 현실화되었다는 점을 꼽을 수 있다. 전후 문화회관 복구사업은 그 좋은 예가 될 수 있어 보인다. 즉, 프라이부르크 시당국은 2차 세계대전 이후 파괴된 도시를 재건하는 과정에서 가장 먼저 도시의 중앙에 위치한 시립문화회관Stadttheater을 복구하였다. 전쟁 이후 폐허상태인 당시는 시민이 먹고 살 집을 마련하는 것이 당면과제였으나, 프라이부르크 시민은 물론, 당시 행정가들이 문화도시로서 프라이부르크시의 정체성을 회복하는 것을 최우선의 과제로 삼은 것이다. 전쟁 직후여서 공연장 재건을 위한 재원이 부족하였지만, 자신이 피아니스트였던 당시 프라이부르크 시장은 스스로 음악회를 열어 자금을 모금하였고 이를 헌납하여 재건축에 필요한 재원을 충당하였다고 한다. 프라이부르크를 문화도시로 만들고 가꾸기 위한 투자와 노력은 오늘날에도 다양한 방면에서 계속 이어지고 있다.

## 환경도시로서의 프라이부르크

### ■ 이 도시와 환경의 관계

막상 '환경' 수도라고 알려진 프라이부르크에서 이 용어의 의미와 범위를 판단하는 것 역시 쉬운 일이 아니다. 다음의 자료사진은 프라이부르크가 제공하

프라이부르크의 도시 브로슈어 'Freiburg Green City'의 표지. 프라이부르크의 인터넷 홈페이지를 통해 한국어판 자료를 다운로드 받을 수도 있다.

는 그들 도시의 브로슈어 표지를 보여준다. 이 책자는 그들 도시의 정체성city identity을 '그린 시티Green City'로 규정하면서 프라이부르크의 환경관련 행정을 총 24페이지에 걸쳐 소개하고 있다. 이 도시에 대한 우리나라의 열기가 반영된 듯 프라이부르크 홈페이지에서는 독일어, 영어, 프랑스어, 중국어와 함께 한국어 번역판 '프라이부르크 녹색도시'라는 자료를 당당히 접할 수 있다. 우리는 이 책자를 통해 그들의 환경마인드를 어느 정도 감지해 볼 수 있다.

이 자료를 통해 보면, 프라이부르크는 기후보호가 정치, 경제적으로 이슈화되기 오래전부터 '환경'의 가치에 대해 진지하게 고민하고 노력하였으며 그 결과, 오늘날 세계적인 기후보호 모범도시로 성장하였다는 것을 알 수 있다. 그러나 오늘날의 프라이부르크를 있게 한 환경정책들을 전 지구적 관점에서 살펴보면, 전혀 새로운 것이 아니라 오히려 성의를 다해야 할 기본적 의무이기도 하다. 즉 프라이부르크는 국제사회의 일원으로서의 환경관련의무를 성실히 이행하는 과정을 통해 오늘날의 입지를 이룬 것이다. 이를 바꾸어 표현하면, '환경'이라는 범세계적 가치에 일찍이 주목하고, 도시의 각계각층이 공유하는 목표를 이끌어 냄으로써, 시장market을 선점한 것을 의미한다.

인간의 생활무대인 '환경'은 근자에 들어 전 지구적으로 직면하고 있는 위기의 대상이자 경제적 동력이다. 특히 프라이부르크에서의 '환경'은 생활의 질Quility of Life적 측면과 '산업모델 자체'를 동시에 의미하는 '녹색성장'의 개념과 닮아있다. 그리고 이제 '환경'으로 인해 창출된 효과는 다른 산업으로까지 번져나가고 있다. 흔히 '솔라리전Solar Region'이라 하여 '태양에너지의 도시'로 잘 알려진 프라이부르크에서 바이오 및 폐기물 등의 재생에너지 역시 중요하게 다루어지고 있으며, 이러한 에너지관련 산업은 공공교통 및 공원녹지분야의 정책 등과 수평적 관계구조 속에서 유기적으로 협력함으로써 효과가 극대화되고 있다. 이렇듯 환경을 총체적 관계체계로서 접근하는 모습은 매우 인상적이다.

이어서는 오늘날의 프라이부르크를 가능케 한 역사적 계기에 대해 이야기해 보고자 한다. 프라이부르크에서 환경운동과 관련되어 전개되었던 역사는 박제된 과거의 사건으로서가 아니라, 도시의 정책과 분위기를 지속적으로 견인한 살아있는 전환점이라 할 수 있기 때문이다.

■ 정책적 전환의 계기

철도의 환승거점도시로 발전하다가 1888년 정식으로 '시'가 된 프라이부르크는 도시의 역사적 측면에서 볼 때, 독일 내 다섯 번째 정도의 위상을 차지한다. 이러한 이유로 근대기를 맞는 이 도시의 기반시설은

마틴스토어 부근의 거리환경(1902년 사진, 자료출처: Peter Kalchthaler, (2003))

14세기 이래 거리에서 이루어지던 종교행사의 모습(1905년 사진, 자료출처: Peter Kalchthaler, (2003))

비교적 양호한 편이었다. 일례로 프라이부르크와 오펜부르크Offenbrug를 잇는 독일 최초의 철도구간은 1845년 개통되었으며, 시내에는 1901년 9.2km의 전차철로가 부설되었다. 그리고 1930년에는 흑림지역 인근인 샤우인스란트에

산악도로가 건설되면서 세계 최초의 케이블카가 설치되기도 하였다.

그러나 오늘날 세계적으로 주목받는 도시 프라이부르크를 있게 한 원동력은 아이러니하게도 인프라와 산업시설이 초래한 환경적 악영향으로부터 찾아진다. 즉, 1960년대 프라이부르크 시민은 급격한 공업화가 야기한 산성비로 인해 그들의 긍지이자 자부심이었던 흑림이 서서히 파괴되는 것을 지켜보아야만 했다. 그리고 이러한 환경적 재앙을 통해 프라이부르크 시민들은 '환경의 문제'를 자각하기 시작하였다.

프라이부르크의 환경운동을 촉발시킨 사건의 전개는 대략 다음과 같다. 제4차 중동전쟁으로 에너지에 대한 문제의식이 고조된 1974년, 연방정부와 바덴뷔르템베르크Baden-Würtemberg주는 프라이부르크 근교 비일Wyhl지역에 서독의 스무 번째 원자력발전소 건설계획을 발표하였다. 이에 숲과 포도밭이 많은 건설예정지의 포도밭 농민들은 원전에 의한 방사능의 오염가능성과 추가적 기온상승에 따른 지역특산 와인 생산의 어려움을 호소하면서, 원전건설계획의 철회를 요구하는 농성을 벌이게 된다. 시간이 지나면서 대학생그룹과 지식인들이 합류한 반대운동이 열기를 더하였고, 나중에는 시와 시의회도 동조하게 되었다. 농민의 생존권 차원에서 시작된 원전반대운동은 무저항 시민운동으로 전개되었으며, 아메리카 인디언들이 직접 프라이부르크를 방문해 시위를 참관하였다고도 한다.

당시 원전을 지지하는 세력은 전문적 지식을 통해 원전건설의 중요성을 설득하고자 하였으며, 시민들의 원전 반대가 감정에 치우친 것이라는 논리를 전개하였다. 이에 맞선 반대세력 역시 전문연구기관을 통해 이론으로 대항하였다. 이러한 과정 속에서 시민 스스로가 주체가 된 '대량소비생활에 대한 반성'의 움직임이 일어나게 되었다. 즉, 자가용의 무분별한 이용이나 전력 사용을 자제하자는 일상생활환경 속에서의 에너지 절약과 환경보호실천운동이 불붙기 시작하였고 이를 통해 '환경과 생태'에 대한 논의가 본격화되었다.

이렇듯 흑림지역 내 원자력발전소 건설을 반대하는 시민운동은 생활환경과 습관을 개선하기 위한 녹색대안운동을 촉발시켜 1975년 비일Wyhl 원자력발전소를 포기케 하였을 뿐만 아니라, 그동안 성숙되어 온 환경적 자각을 실천적 참여로 전환시키는 계기가 되었다. 프라이부르크를 친환경도시로서 성장시키는 데 결정적으로 기여한 이 사건은 독일의 녹색당을 탄생하게 하는 데에도 큰 역할을 했던 것으로 알려진다.

이 도시가 사랑하는 맥주의 광고는 다음과 같이 묻는다. '나는 프라이부르거이다. 당신은?'

그 후 1980년대에도 대기오염이 촉발시킨 산성비는 엄청난 삼림 피해를 가져왔다. 수치로 나타난 독일 전체 삼림 피해면적은 1982년 7.7%에서 1984년 이후에는 50% 이상을 돌파할 정도로 해마다 급속히 증가하여 독일 전역을 충격케 하였다. 이러한 환경적 재앙을 돌파하기 위해 프라이부르크 시의회는 1986년 만장일치로 원자력의 영구폐기를 결정하였으며, 환경보호부서를 설립하는 최초의 도시가 되었다. 이후 프라이부르크는 건강한 도시환경을 위해, 환경단체와 시민뿐만 아니라 다양한 사회구성원이 참여하는 행정체계를 구축하였다.

오늘날 이 도시에서는 '프라이부르거 믹스freibruger mix'라는 독특한 표현이 자주 등장한다. 프라이부르크를 특별하게 하는 요소를 지칭하는 이 용어는 이 도시의 독특한 정치, 경제, 입지, 역사적 측면 등을 가리키는 경우도 있지만, 많은 경우 이 도시 내 연구소, 공공 및 민간회사, 교육기관, 환경단체, 시민들이 지자체와 유기적으로 협력하는 사회적 협력체계를 지칭한다. 이렇듯 프라이부르크는 그들이 자랑스러워하는 조직체계를 통하여 제반 환경정책을 총체적이고도 유기적으로 펼쳐나가고 있다.

상기의 과정은 일반적인 도시의 경우와 다른 몇 가지의 특징적 국면을 보여준다. 즉, 지엽적일 수 있는 초기의 '원자력발전소 건설반대'의 문제를 교통과 에너지 등 생활환경의 전 분야로 확산시킨 점, 그리고 이를 통해 삶의 방식을 바꾸는 사회개조운동으로 연결시킨 점, 아울러 이 과정을 통해 그들만의 사회적 협력체계를 공고히 한 점 등이 특히 주목된다.

프라이부르크의 환경문화 관련정책은 매우 다양한 방면에서 추진되고 있으나, 이제부터는 전개의 편의상 친환경 교통과 에너지 관련분야, 도시의 공원녹지 관련분야, 문화적 기반과 이벤트 관련분야 등으로 나누어 살펴보도록 한다.


## ✤ 친환경 교통관련분야

### 녹색교통을 향한 발걸음

1970년대로 진입하면서 도시 영역이 확대된 프라이부르크의 인구는 18만을 넘기 시작하였다. 따라서 당시의 프라이부르크 역시 차량 혼잡과 산업 오염으로 몸살을 앓는 유럽의 여느 도시와 다를 바 없었으며, 오히려 흑림의 피해와 직접 마주한 상황이었다. 이러한 상황 속에서 프라이부르크 시 당국은 대중교통 본위의 교통관련 행정을 전개해왔다. 즉 원전건설계획 발표 전인 1969년, 자가용 이용억제를 골자로 한 '1차 종합교통시스템'을 채택하였으며, 1970년에는 독일 최초의 자전거전용도로 건설의 내용을 포함한 '제1차 자전거도로망계획'을 발표하였고 1972년에는 자동차 억제정책을 본격적으로 도입하기 시작한다.

프라이부르크가 녹색교통을 장려하기 시작한 이러한 시기는 대부분의 선진국이 고속도로 건설에 몰두하던 시기였다. 이 시기의 프라이부르크가 시행한 일련의 정책 속에는 노면전차노선 확충, 시내버스노선 정비, 자전거도로망 확충, 보행자전용구역 설치, 주택가 최고시속 30km 제한, 주차요금 인상, 주택

지구 주차우선권제도 등 오늘날에도 유지되고 있는 많은 내용들이 포함되어 있다. 참고로 우리의 경우와 견주어보면, 서울 도심의 자동차 억제를 위한 도심주차상한제가 1987년경에서야 부분적으로 시행될 수 있었던 것과도 크게 비교되는 내용이다.

이후 원전반대시민운동을 계기로 탄생한 수많은 환경단체들이 시의회와 협력해 선진적인 환경정책들을 발의하였으며, 이러한 정책들은 시민들의 생활과 사고방식을 조금씩 바꿔나갔다. 그중 1973년에 일부주민과 상인의 반대를 무릅쓰고 구도심의 대부분을 '보행자전용구역' 으로 지정한 것은 매우 전향적인 시도였다고 평가된다. 구도심에서 시행된 '차량통행 금지조치' 에 거세게 반발하던 상인들은 보행전용의 환경에 의해 오히려 매상이 오른다는 사실을 깨닫고 제한구역의 확대를 요구하기도 했다고 한다.

레기오카르테의 운영영역과 주요 영역별 세부 환승 시스템을 소개하는 자료. 세부권역 별로 보다 자세한 교통수단과 관광지 안내 등이 이루어지고 있다 (자료출처: Regio-Verkehrsverbund Freiburg).

레기오카르테의 시스템과 노선도. 3개 권역으로 구분되고 있는 광역 도시권에 따라 이용요금의 차등이 있으며, 대중교통간의 환승체계가 잘 구축되어 있다. 검은색 라인은 철도, 파랑색은 버스, 붉은색은 도시전차 트램(tram)을 나타낸다(자료출처: Regio-Verkehrsverbund Freiburg).

레기오카르테 1달 정기권. 구매일로부터 1달간 유효하며, 무기명의 경우 양도가 가능하다. 2009년 말 현재, 3개 구간에서 모두 통용되는 한 달 정기권은 47유로 정도이다.

1979년 프라이부르크는 모든 교통수단과 보행자를 동일선상에 놓고 평가하는 환경친화적 개념의 '제2차 종합교통시스템'을 채택하였다. 또한 1984년에는 버스와 열차 간 환승티켓인 '레기오카르테regio karte'를 등장시켰으며, 다음 해에는 대중교통요금을 30% 인하하였다. 이러한 노력에 힘입어 자가용 이용은 한해 뒤 23%나 줄은 반면, 인하된 대중교통요금보다 승객이 크게 늘어나 대중교통업체의 수입 감소는 없었다.

1989년 4월 프라이부르크 시의회는 시의 '종합교통컨셉'을 승인해 시내 모든 주택가 내 자동차속도를 시속 30km 이하로 제한하였다. 이 종합교통컨셉의 목적은 환경친화적 교통수단인 보행, 자전거 그리고 대중교통수단을 효과적으로 장려해 승용차에 대한 대안을 제공하는 것과, 자동차의 교통환경을 정비하여 소음과 매연, 기타 위험을 최소화하는 데에 있었다.

1991년에는 기존 레기오카르테 제도를 지역 내 교통수단을 승차권 한 장으로 묶는 지역권 방식으로 개편하였다. 이로서 반경 50km 내 연장 2,600km를 전차와 기차, 버스의 제한 없이 이용할 수 있게 되었다. 반면 이전보다 차량의 속도제한과 주차요금 등을 강화한 까닭에 자가용의 이용은 더욱 어려워지게 되었다.

## 교통정책의 기조와 인프라들

현재 시행되고 있는 프라이부르크의 교통정책은 보행과 자전거, 공공교통에 정책적 우선순위를 두기 시작한 1969년의 1차 종합교통시스템이 꾸준히 보완, 발전된 것이다. 이렇듯 꾸준히 추진된 교통정책은 관련통계를 통해 쉽게 드러날 정도로 큰 성과를 가져왔다. 1982년과 1999년을 비교할 때, 도시 내 자전거교통량은 15%에서 28%로, 도시전차 트램tram을 포함한 공공교통의 이용은 11%에서 18%로 증가한 반면, 승용차 교통은 38%에서 30%로 대폭 감소하였다. 2007년 1월 1일 현재 프라이부르크의 승용차 보유대수는 1,000명당

459대로서, 독일 내 동급의 다른 도시와 비교할 때 가장 낮은 수치를 보여준다. 이러한 결과를 통해 프라이부르크는 '유럽지방정부 공공교통상European Local Public Transport Award'을 수상하기도 하였다.

전통적으로 프라이부르크는 강력한 중심을 형성해온 도심에서 빠른 시간 내 업무를 가능케 하는 집약도시compact city적 모델을 지향해왔다. 이렇듯 개발의 우선순위를 도심에 두면서 외곽에 새로운 개발수요가 일어나는 경우에는 대중교통수단인 트램tram을 먼저 공급해 왔다. 이러한 까닭에 도시가 다소 팽창되긴 하였으나, 도심 내 대학 및 기존상권과 주변지역은 공공교통을 근간으로 원활히 연계될 수 있었다.

프라이부르크의 교통정책의 기조는 대중교통의 장려라고 할 수 있다. 이를 위해 시 당국은 자가용을 이용하는 시민들에게는 의도적으로 불편함을 감수하게 하고, 대중교통을 이용하는 시민들을 위해서는 각종 교통 서비스를 제공함으로써, 굳이 자가용을 이용하지 않아도 도심 곳곳을 편안하게 이동할 수 있도록 하기 위해 노력하고 있다. '채찍과 당근'으로 읽혀지는 두 방향의 교통정책 공히 대중교통과 녹색교통을 장려하기 위한 수단임은 물론이다. 오늘날의 라이프스타일인 로하스Lohas와도 상통하여 친환경적이며 인간적인 도시 프라이부르크를 홍보하는 데에도 일조하고 있는 주요 교통정책들을 살펴보면 대략 다음과 같다.

■ 승용차 이용의 불편유발을 통한 운행 억제

프라이부르크 교통정책의 중요한 목표 중 하나는 사용자 스스로 교통을 억제토록 하는 데에 있다. 시는 이를 위해, 특히 도심 내 승용차의 진입을 억제하기 위해 다양한 조치를 취해왔다. 대표적인 예는 프라이부르크의 관문인 중앙역 부근의 교통처리방식에서 찾아진다. 예를 들어 프라이부르크의 중앙역과 도심을 연결하는 교량 스튜링거브뤼케Stühlingerbrücke는 노면전차와 자전거, 보행자 이외에는 건널 수 없다. 자동차에게 길을 쉽게 가로 지를 수 있는 기회를 제공하지 않는 것이다. 이러한 이유로 도보로 5분밖에 소요되지 않는 역 반대 방향으로의 이동시 승용차를 이용하게 되면 길을 우회해야 하기 때문에 추가로 20여분 이상이 소요된다.

자동차에게는 통행이 허락되지 않는 구도심 연결교량인 스튜링거브뤼케(Stühlingerbrücke). 가운데 부분은 트램 선로이며, 양쪽 길가 쪽에 보행로와 자전거도로가 부설되어 있다.

1973년부터 뮌스터 대성당을 중심으로 한 구도심의 알트스타트Altstadt 대부분 지역에서 승용차의 운행이 금지No-Car Zone되고 있다. 이는 특정지구 전체를 보행전용 환경으로 만든 독일 내 최초의 사례로서, 승용차로부터 완전히 보호된 도심환경을 창출한다. 여기에 더해 그나마 차량통행이 허용된 구 도심부의 많은 도로를 일방통행으로 운용함으로써 승용차 이용 시 '불편함'의 강도를 더한다. 아울러 도심부에 있던 무료주차장을 없애는 대신, 구도심을 벗어난 지역에 한정된 용량의 주차장만을 설치하여 승용차 이용을 자제할

1_ 도심으로의 진입시 발견되는 구도심 외곽의 주차정보
2_ 구도심으로 접근하는 간선도로상의 지하주차장 시설
3_ 구도심 외곽의 주차건물

수 있도록 유도하고 있다. 또한 주차요금을 1시간 단위의 비싼 요금으로 징수함으로써 승용차 이용을 자연스럽게 억제시키는 세심함 역시 잊지 않고 있다.

프라이부르크에서는 1989년 4월부터 시내 모든 주택가 내의 교통을 시속 30km 이하로 제한하는 소음저감traffic-calming 정책이 시행되고 있다. 보행자 뿐만 아니라 자전거의 안전한 이동을 담보하기 위한 이 정책에 의해 주택가의 쾌적성이 확보되면서 교통사고도 크게 감소하였다. 일례로 프라이부르크 시내 모차르트오켄 거리의 경우, 제한속도가 시속 50km이던 지난 1989년과 시속 30km로 변경된 1999년을 비교하면 연간 교통사고의 발생건수가

이곳이 시속 30km 권역임을 안내하는 표시들

'아이들을 위한 놀이도로' 안내시설과 주변 환경(보봉 생태주거단지)

63건에서 25건으로 대폭 감소하였다. 오늘날 프라이부르크 주민의 약 90% 가 이 30km/hr의 권역 내에 거주하고 있는 것으로 알려져 있다.

 또한 프라이부르크의 대표적인 생태주거단지인 보봉과 리젤펠트를 비롯한 몇 곳의 주거단지에는 어린이들이 안전하게 뛰어 놀 수 있는 도로 환경이 마련되어 있다. 보봉을 방문했을 때, 도로 한복판에 어른과 아이가 공놀이를 하고 있는 모습과 차량, 주택이 함께 그려진 사인을 보고, 이런 도로 환경까지 마련한 세심함에 감탄했었는데, 이 도로에서 차량들은 반드시 시속 4~5km의 보행속도 이하로 이동해야 하고, 사고시의 책임도 전적으로 감수해야 한다. 이러한 작은 배려들을 통하여 프라이부르크의 시민들은 높은 수준의 보행권을 제대로 향유할 수 있게 되었다.

■ 대중교통의 활성화를 위한 장려책

오늘날 프라이부르크의 중추적인 대중교통수단은 트램이라고 지칭되는 노면전차로서, 전체 시민의 약 65%가 이 운행권 내에 거주하고 있다. 하여 출퇴근 시 이용률이 무척 높을 뿐만 아니라, 고풍스러운 장난감처럼 보이는 디자인을 비롯하여 여러 형태의 도시관광용 전차가 운행되고 있어 관광객들에게도 인기가 높다. 이러한 프라이부르크의 전차 노선은 1901년 약 9km에 불과하였으나, 2007년 현재 약 35.1.km에 이르고 있으며, 다른 교통수단과 달리 전기를 이용함으로써 환경을 오염시키지 않는 특징 때문에 독일의 환경수도라는 프라이부르크의 이미지와도 잘 어울려, 앞으로도 핵심 교통수단으로의 명성을 이어갈 것으로 전망된다.

이렇듯 100년의 역사를 넘긴 프라이부르크의 노면전차는 그 연장거리에 비해 매우 우수한 약 30%의 수송 분담률을 차지하고 있다. 이러한 이유는 무엇보다도 도시 대부분의 지역에서 자동차와 분리된 전용공간을 통해 전차가 운행되고 있기 때문에, 그 효율성이 극대화되고 있는 점에서 찾을 수 있다. 교차

1 _ 고풍스러운 장난감처럼 보이는 도시관광용 전차
2 _ 고딕의 도시와 노면전차 트램이 형성하는 이미지
3 _ 도시를 활력있게 하는 전차의 그래픽

로에서의 교통신호 역시 전차에게 우선권을 부여하고 있으며, 출퇴근시간대의 운행시간은 3분 내지 5분 간격으로 단축되는 까닭에, 신속성과 편의성이 보장된다. 아울러 도시교통을 효율화하는 프라이부르크의 노면전차는 도시의 이미지를 밝게 형성하는 중요한 환경요소로서 도시 관광활동에도 크게 기여하고 있다.

이러한 전차노선을 근간으로 여러 지역을 신속히 연결하는 환승시설도 체계적으로 마련되어 있다. 자동차와 전차의 환승park and ride, 자전거와 전차의 환승bike and ride 등의 시설이 바로 그것이다. 예를 들어 전차역세권에 공공주차장과 자전거보관시설을 증설함으로써 전차 이용의 편의를 도모하고 있으며, 자전거를 싣고 타는 전차 칸도 운영되고 있다. 기업체와 직장 역시 환승관련 인프라를 확충하면서 대중교통의 이용을 독려하고 있다. 특히 프라이부르크 중앙역Hauptbahnhof(Hbf) 주변으로는 도시 내부의 기간교통인 노면전차Stadtbahn, 주변과 광역을 연결하는 철도와 버스, 자전거교통 등을 위한 모빌레Mobile, 환승용 승용차 주차장 등의 인프라 시설이 입체적으로 구축되어 있다.

프라이부르크의 대중교통 환승시스템. 도시공공교통의 기간망을 이루는 4개 노선의 노면전차라인을 주축으로 노선버스들이 그 세부를 보완하고 있다(자료출처: Regio-Verkehrsverbund Freiburg, Mein Plan für Bus & Bahn)

중앙역 주변의 환승체계(자료출처: Regio-Verkehrsverbund Freiburg, Regio-Liniennetzplan)

프라이부르크의 전차는 레일의 이음새를 없애고 고무타이어 바퀴를 사용함으로써 도시소음을 최소화하기 위해 노력하고 있으며, 청결한 전차 환경을 마련하기 위해 하루 한번 꼭 세차장에 들르도록 하고 있다. 그리고 자동차 교통과 분리된 상당수의 전차 전용공간의 선로 사이사이에 녹지를 확보하고 있

1, 2 _ 중앙역 내 · 외부 쪽으로의 전경
3, 4 _ 중앙역 내부의 자전거 환승주차장
5 _ 도심 부근에서의 전차와 버스의 환승체계, 전차 정류장 배후에
버스 정류장이 입지하고 있다

1_ 전차 선로 주변의 녹지환경
2_ 콘크리트 지주를 타고 올라
단풍에 물든 덩굴식물

다. 아울러 전선을 공급하기 위해 세워 놓은 콘크리트 지주 하부에도 덩굴식
물을 하나하나 식재해 놓고 있어, 녹음의 제공뿐만 아니라 계절에 따른 다양
한 경관 연출을 꾀하고 있다.

대중교통의 이용을 장려하기 위한 프라이부르크의 적극적 노력 중 하나가 에
코티켓eco ticket으로도 지칭되는 환경정기권 레기오카르테regio karte이다. 이는
저렴한 대중교통요금체계를 통해 승용차의 운행을 억제토록 하는 독일 최초의
환경정기권을 지칭한다. 이 정기권을 레기오카르테라고 하는 이유는 독일-스
위스-프랑스로 이어지는 2천2백㎢의 '레기오Regio' 지역의 중심도시에 프라이
부르크가 위치해 있으며, 이 레기오 지역의 환경정기권이라는 뜻에서 유래한
다. 레기오카르테의 한 장 가격은 실제 대중교통이용 실비의 약 40% 수준에 불
과하며, 나머지는 시와 주 정부가 보조금으로 충당하고 있다. 17개의 교통관련

회사가 1996년에 결속되어 공동의 유니폼을 착용하는 RVF라는 단체와 VAG라는 프라이부르크 지역교통당국Freiburg Transportation Authority이 이를 관리하고 있다. 이에 하나의 티켓으로 도시의 모든 대중교통을 통합적으로 이용할 수 있으며, 일요일과 휴일에는 5인 가족 전체가 함께 이용할 수 있고, 무기명인 경우 양도도 가능하다. 이 대중교통체계를 유지하기 위해 프라이부르크는 주정부의 보조와 시 재원의 많은 부분을 투입하고 있다.

한편, 프라이부르크에서 열리는 문화공연이나 스포츠 이벤트 등 각종 행사의 입장권이 대중교통을 이용할 수 있는 티켓이 되기도 한다. 일례로, 분데스리가의 지역연고팀인 SC프라이부르크의 경기입장권으로 당일 이 지역의 전차나 버스를 자유롭게 이용하게 하는 등 대중교통을 장려하기 위한 노력은 매우 세심한 차원에서도 빛을 발하고 있다.

레기오카르테 교통지도 표지의 앞뒷면. 운영구역과 환승 교통수단, 사용을 위한 팁(tip) 등이 자세하게 표현되어 있다(자료출처: Regio-Verkehrsverbund Freiburg, Regio-Liniennetzplan).

프로축구경기의 입장권. 경기 시작 3시간 전, 경기 후 4시간 까지의 대중교통 이용과 환승을 보장한다.

구도심 중심부 베르톨트브룬넨 주변에 위치한 레기오카르테 관련 교통안내센터의 표지판

## ■ 자전거교통의 활성화 정책과 인프라시설

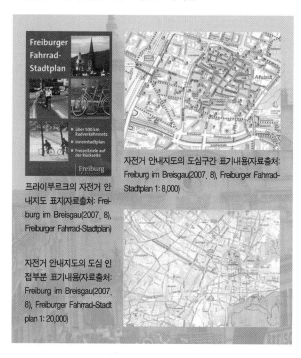

자전거 안내지도의 도심구간 표기내용(자료출처: Freiburg im Breisgau(2007. 8), Freiburger Fahrrad-Stadtplan 1: 8,000)

프라이부르크의 자전거 안내지도 표지(자료출처: Freiburg im Breisgau(2007. 8), Freiburger Fahrrad-Stadtplan)

자전거 안내지도의 도심 인접부분 표기내용(자료출처: Freiburg im Breisgau(2007. 8), Freiburger Fahrrad-Stadtplan 1: 20,000)

1970년대부터 자전거 도로망을 확장하기 시작한 프라이부르크는 특히 1980년대 중반에 자전거도로를 크게 확충하였다. 따라서 1976년 당시 약 69,000트립trip이던 자전거 교통량이 1998년에는 16만으로, 그리고 오늘날은 21만 이상의 트립을 기록하고 있다. 현재 구축되어 있는 자전거용 인프라는 전용도로 160km를 포함하여 전체거리 약 500km에 달하며, 약 9천여개소의 자전거주차시설을 확보하고 있다. 이제 인구수 보다 많다고 알려져 있는 이 도시의 자전거 보유대수가 상징하듯, 자전거는 프라이부르크의 이미지와 분리할 수 없는 요소가 되었다. 이는 승용차 억제책과 병행하여 자전거인프라를 꾸준히 확충함으로써 자전거 이동에 신속성과 편의성을 보장한 결과이나, 그 저변에 있는 검약한 국민성과 좋은 날씨라는 요소 또한 무시할 수 없다.

이렇게 잘 구축되어 있는 자전거인프라에 대한 정보는 자전거 안내지도Fahrrad-Stadtplan를 통해 시민과 관광객에게 소상히 전달되고 있다. 도심구간의 자전거 안내를 예로 들면, 회색의 도로망은 보행이 위주가 되는 영역을 의미하며, 그 위에 빗금이 더해진 곳이 자전거가 규제되는 구간이다. 반면 간선도로변 좌우측에 표시된 황색 라인은 도로변에 자전거전용도로가 병설된 곳을 표시하며, 자전거 주차장의 위치 등이 상세히 표기되어 있다. 여기에 더하여 이 지도는 시속 30km 규제구간과 같은 상세한 교통정보와 함께 자전거도로의 경사 정도, 전망이 좋은 곳, 도시 내 주요 편익시설 등에 대한 정보를 일목요연하게 제공하고 있다.

자전거 인프라 중 특히 드라이잠Dreisam강 주변의 자전거도로는 다른 교통에 의해 단절되지 않으며, 도시 중심부를 둘러싸는 원형의 도로와 연결되고 강이 범람해도 안전하게끔 설계된 까닭에 매일 1만5천여대의 자전거가 통과하고 있다. 시는 자전거 이용의 활성화와 토대 구축을 위해 기존의 자동차 주차장을 자전거 보관공간으로 전환하기도 하였으며, 지속적인 사업전개를 위해 자

1 _ 드라이잠 강변의 자전거도로
2, 3 _ 구도심 내부의 자전거 주차시설
4 _ 자전거의 편의 제공을 위한 계단과 경사로의 처리(강변 자전거도로와 일반 도로의 연결부분)

전거 기금을 운영하고 있다. 또한 자전거 이용의 활성화를 위한 세심한 주의 역시 기울이고 있다. 예를 들어 강변의 자전거도로와 일반도로변 자전거도로가 유기적으로 연결될 수 있도록 계단과 경사로의 디테일을 개선하는 등의 노력이 곳곳에서 발견된다.

프라이부르크에서 만난 자전거 택시들

　자전거의 현재 교통 분담률은 약 30%에 달하고 있으나, 시 당국은 자전거 이용 활성화 대책을 더욱 강화해 50%수준까지 끌어올리려 하고 있다. 특히 자전거 이용을 보다 장려하기 위해서 단순히 자전거도로의 면적을 늘리는 데만 치중하지 않고, 시민들이 자전거 이용을 진정으로 즐길 수 있도록 공원녹지와 연계된 자전거도로를 만드는 한편, 교통신호체계도 자전거 편의 위주로 개편해나가고 있다. 이제 자전거도시로 이름난 지명도는 관광객을 위한 자전거택시 등으로 확장되고 있다.

　자전거도시 프라이부르크의 인프라를 상징하는 시설로 중앙역 부근에 '모빌레Mobile' 라는 건축물이 입지하고 있다. 자전거 바퀴 형상을 한 3층의 원형

건물은 1999년 9월 9일 독일의 대표적인 환경단체 분트BUND와 독일교통클럽 VCD, 프라이부르크 자동차협회 등이 공동출자하여 건설한 건물이다. 태양에 너지를 동력으로 활용하는 이 건물의 1층에는 1987년 스위스 취리히에서 시작되어 독일에는 1999년 프라이부르크에 처음 도입된 '승용차 함께 타기 카쉐어링car-sharing'의 자동차 주차장이 있다. 카쉐어링은 개인의 차량소유를 자연스럽게 억제하면서, 대중교통의 활성화를 꾀하는 제도이다. 2층은 1천여대를 수용할 수 있는 자전거 주륜장, 3층은 자전거클럽과 자전거여행 안내소, 판매·수리점 등이 들어서 있다. 그리고 120대 정도 규모의 대여용 자전거를 비치하고 이를 관광객 등에게 유료로 대여해 줌으로써 자전거도시 프라이부르크를 경험케 한다. 아울러 시민이 맡긴 중고자전거를 위탁 판매하는 공간을

1 _ 모빌레의 외관
2 _ 모빌레에서 위탁판매 중인 일부 자전거들
3 _ 모빌레 내부의 주륜시설

한편에 마련하는 등, 이 건물은 녹색교통의 주역인 자전거의 중심센터로서 큰 역할을 수행하고 있다.

이 도시의 대규모 전시장인 프라이부르크 메세Freiburg Messe에서는 시민이 주체가 되어 중고자전거와 자동차를 전시판매하는 행사를 부정기적으로 개최하고 있다. 2009년의 중고자전거 판매행사는 8월 15일에 중고의류 판매행사와 더불어 개최되었다. 건강한 소비생활을 장려하는 이 행사를 통해, 필자 역시 적은 비용으로 양질의 중고자전거 한대를 마련할 수 있었다. 반면, 바덴뷔르템베르크 주의 남부지역을 포괄하는 중고자동차의 대규모 판매행사는 4월 초와 10월 초 두 차례에 걸쳐 진행된 바 있다.

1 _ 프라이부르크 전시장 (Messe)에서의 중고자전거 판매행사
2 _ 전시장에서의 중고자동차 판매행사

## ✤ 친환경 에너지 관련분야

### 친환경 에너지를 향한 발걸음

연평균 1,800시간 이상의 일조량과 m²당 1,117kw의 복사열을 나타내는 프라이부르크는 독일에서 가장 햇볕이 풍부한 도시 중의 하나이다. 프라이부르크의 태양광 에너지산업은 이렇듯 건조하고 따뜻한 자연환경 조건에 정책적 노력이 더해진 결과물로서, 프라이부르크를 세계적인 환경수도로 부각시킨 자원임과 동시에 도시의 정체성city identity을 구성하는 핵심요소이다.

우측의 자료들은 이 도시의 인포메이션센터에서 구득한 것들이다. 이중에는 태양 에너지의 도시를 방문하는 우리나라 사람들

한국어판 홍보물인 'Solar Region Freiburg'의 표지

프라이부르크 내 태양 에너지 관련 홍보자료인 '태양열의 선두주자(Solarführer)'의 표지

독일의 복사열 지도. 도면의 남서쪽 하단에 프라이부르크가 나타나 있다(자료출처: Stadt Freiburg im Breisgau(2005), Solarführer Region Freiburg, p.15).

을 위해 'Solar Region Freiburg'라는 한국어판 홍보물도 준비되어 있었다. 그리고 '태양열의 선두주자Solarführer'로 번역되는 독일어판의 내용은 시의 태양 에너지 관련 행정을 소개하면서 그 성과를 집대성한 보다 전문적인 자료이다. 프라이부르크의 친환경 에너지 정책은 태양열, 풍력, 소수력 등 다양한 분야에서 전개되어 왔으나, 그중 가장 활발한 태양광 에너지 분야를 중심으로 그 발자취를 소개하도록 한다.

■ 정책적 전개와 성과들

1975년 비일 원자력발전소의 건설계획을 철회한 프라이부르크는 1979년부터 자체적으로 공공건물의 에너지 효율 개선을 위해 노력해왔다. 이러한 노력의 연장선상에서 1981년 시의회는 '시 에너지 공급의 원칙'을 심의해 '에너지 자치구상'의 공감을 얻어냈다. 1981년은 프라운호퍼 태양에너지연구소 Fraunhofer ISE가 이 지역에 입지한 시점이기도 하다. 이 연구소는 2009년 현재, 약 500명의 연구 인력과 18,000㎡의 연구공간을 보유한 유럽 최대의 태양광 에너지 연구기관이다. 이 연구소의 입지를 계기로 연관기업들과 국제 태양에너지협회 등이 프라이부르크에 속속 입주해, 시너지 효과를 만들어낼 수 있었다.

한편, 정치적으로는 과거 원자력발전소 반대시위 등에서 촉발된 환경보전 의식이 가시적인 결과로 나타나기 시작하였다. 일례로 1983년 3월 독일연방의회 선거에서 녹색당이 무려 27석을 획득하여 종래 고도성장노선을 걸어왔던 연방정부의 환경정책에 일침을 가하였다. 이러한 분위기 속에서 맞이한 1986년은 프라이부르크 환경정책의 전환점turning point으로 기록된다.

즉, 1986년은 프라이부르크 시의회가 '탈 원전'을 발표한 해로서, 이는 독일 연방정부가 원자력발전을 완전히 포기한 2000년과 비교할 때 무려 14년이 앞선 결정이었다. 같은 해, 프라이부르크는 에너지 자립을 기본으로 한 '시 에너지 공급 기본컨셉'을 만장일치로 통과시켜 '에너지 자립도시'를 사실상 선언하였다. 이때의 에너지 수급안의 주요 내용은 (건물의 보온과 단열 등을 통한) 에너지의 절약, (솔라 에너지를 필두로 한) 재생에너지의 다양화, (열병합발전과 같은) 효율적인 신기술의 활용이라는 세 측면으로 요약된다. 프라이부르크의 친환경 에너지를 위한 노력은 1986년 4월 26일, 구소련 체르노빌에서 발생한 원전사고로 인해 그 의미가 더욱 증폭되는 결과가 초래되었다. 그리고 1992년부터는 시의 공공건물이나 시가 대여 또는 매각하는 토지, 즉 시정부가 영향력을 행사할 수 있는 모든 환경에 대하여 '저에너지 건축'만을 허가하는 조례를 제정하여 시행하고 있다. 프라이부르크가 수립한 '저에너지 기준'은 이제 독일연방법으로 활용되고 있다.

친환경 태양광 에너지 분야의 노력은 속속 결실로 나타났다. 1992년 독일 환경원조재단이 주최한 '환경친화적 도시경연대회'에서 151개 지자체 가운데 프라이부르크가 1위를 차지했으며, 그해의 자연환경보호에 있어서 '연방수도'로 선정되었다. 1994년 론바하출판사의 지붕에 태양광발전장치 1호가 설치되었으며, 1995년 8월에는 드라이잠 연안에 위치한 바데노바 축구경기장 서쪽 스탠드 지붕에 설치되는 제2호의 대형 태양광발전장치가 시민참여 방식으로 추진되었다. 1996년에는 '솔라공장' Solar Fabrik AG(영어명 Solar Factory)이, 1998년에는 솔라전력주식회사SAG가 각각 출범하였다. 그리고 시민의 투자를 통해 태양광발전을 촉진시키기 위해 1998년 2월 설립된 솔라전력주식회사SAG는 동년 4월 상장되었고, 그해 가을에 제2차 증자를 시행하는 등 프라이부르크에 있어 태양열분야의 발전은 실로 놀랍게 전개되어 왔다.

바데노바 경기장의 태양 에너지 이용시설. 전광판 너머로 채양전지시설이 도열되어 있다.

2001년 독일정부는 에너지시장 내 재생에너지의 비율을 2010년까지 10%로 높이기 위해 '재생 가능한 연방 에너지법'을 제정하였다. 이 법은 에너지공급회사로 하여금 태양열로 생산된 에너지의 잉여분을 시장가격의 2배 내지 3배

에 구매토록 하고 있으며, 정부지원을 통해 해당가격을 향후 20년 동안 보장
토록 하고 있다. 이러한 독일정부의 에너지법은 전 세계 45개국에 전파되어
있다. 프라이부르크는 '10만 지붕 태양에너지 프로그램'을 위해 대출지원을
시행한 독일연방정부와 별도로, 태양열 집열판의 설치를 독려하기 위해 다양
한 지원책들을 활용해왔다.

　태양광 등 환경산업에 프라이부르크가 지원하는 보조금은 지역발전회사에
서 받는 부담금의 약 10%를 재투입한다고 한다. 이를 통해 태양전지, 광전지
셀 제작업체, 태양광주택 건설회사, 관련컨설팅업체뿐만 아니라 발전기계 등
전통적 산업분야에 이르기까지 보조금을 지급하여 왔다. 그리고 프라이부르
크는 자기 집을 소유하고 있지 못해 태양에너지를 생산할 수 없는 사람들을
위해 지역별로 설립된 태양광 발전회사에 소액주주로 지분투자를 하는 방식
도 열어두고 있다. 태양광발전의 시장성을 높여준 이들 정책에 의해 태양광발
전 붐이 일어나 한때 태양전지패널의 품귀현상이 일어날 정도였고, 솔라 주가
는 1년 만에 두 배 이상 상승하였다고도 한다.

■ 친환경 도시를 가능케 한 사회적 기반

　프라이부르크가 친환경 도시로 우뚝 설 수 있었던 것은 다양한 분야의 노력
들이 유기적으로 결합하여 상승작용을 한 까닭일 것이다. 먼저 도시의 행정측
면에서 환경문제를 종합적인 관점에서 조직적으로 추진할 수 있도록 행정체
계를 구축하였다. 1986년에 독일 내 '대도시' 중 최초로 환경보호부서를 설치
함으로써, 태양에너지뿐만 아니라 쓰레기의 재활용을 추진하는 등 여타의 환
경정책에서도 큰 진전을 가져올 수 있었다. 그리고 1990년에는 환경관련부서
를 확대개편하면서 시의회의 동의를 받아 '환경부시장제'를 시행하고 있다.
이 도시에 있어 녹색당은 2002년 시장선거에서 현재의 디터 살로몬Dieter
Salomon 시장을 배출한 정당으로서 대중적 지지를 받고 있다.

프라이부르크 중앙역 부근에 위치한 오존 및
대기오염 현황 알림판

은행건물 앞에 도열한 친환경자동차들

프라이부르크의 친환경 행정에는 시민들과 NGO단체 등이 능동적으로 참
여하고 있다. 예를 들어 프라이부르크의 지역 의제Local Agenda 21에는 민간부문
의 인사들이 참여한 7개의 작업그룹이 지속가능한 시 발전에 관한 구상과 목
표를 이끌어냈으며, 이를 구체화하기 위한 수십 개의 프로젝트들에도 시민들
과 지역 의제 21의 그룹들, 행정부 관계자가 종횡으로 얽혀있는 '프라이부르
크 지속가능 협의회'가 중추적 역할을 하고 있다. 이와 함께 프라이부르크는
시민이 공감하는 정책을 추진하기 위하여 많은 노력을 기울이고 있다. 2007년
프라이부르크 시의회는 $CO_2$ 배출량을 2030년까지 40% 줄이기로 결의하면서
시민참여를 더욱 활성화하기 위해 온라인과 오프라인 모두에서 쌍방향적 정
보의 소통을 강화하고 있다.

먼 곳을 내다보며 작은 것부터 실천해 나아가는 환경노선은 유치원과 초등학
교에서부터 시작된 독일의 환경교육을 기반으로 한다. 그리고 학교에서 배우는
교과영역 뿐만 아니라 학교 안과 밖에서 행해지는 특별활동, 그리고 다양한 사회
적 노력들은 환경수도 프라이부르크를 이룩하는 또 다른 저변의 힘이다. 이러한
기반을 토대로 성장한 시민관련단체 등과 끊임없이 이견을 조율하면서 추진하

는 '환경' 관련정책들에 대해 프라이부르크의 시민들은 '자신의 선택'이라는 신념을 가질 수 있으며, 이것이 이 도시의 제반행정에 추진력을 제공하고 있다.

## 친환경 에너지 관련 인프라와 시설들

### ■ 태양 에너지 관련시설

프라이부르크는 인공위성을 이용하여 태양 에너지 시설이 가능한 지역과 가구를 매우 과학적으로 찾아내고 해당지역에 시설을 강화시켜 나가고 있다. 이러한 이유로도 프라이부르크에서는 쉽게 태양 에너지 관련시설을 접할 수 있

태양광시설 분포도
(자료출처: Freiburg im Breisgau, Solar Region Freiburg)

광역권내 주요 태양광 이용시설의 분포를 보여주는 부분도면(자료출처: Stadt Freiburg im Breisgau(2005), Solarführer Region Freiburg)

다. 한국어 홍보안내책자에서는 주요한 태양광시설만을 정리하여 분포도면을 나타내주고 있다.

아울러 프라이부르크는 도시의 관문에서부터 태양 에너지를 향한 열정을 자랑스럽게 나타내고 있다. 즉, 많은 여행객으로 붐비는 프라이부르크 중앙역과 옛 시청사를 개조한 방문자용 인포메이션센터에는 프라이부르크의 태양 발전을 홍보하는 안내시설이 'Solar City'라는 이름으로 자리하고 있다. 이러한 자료 등에서 보이듯 태양광을 이용한

인포메이션센터에 자리해 있는 솔라 안내홍보시설

건축물들은 프라이부르크 도심뿐만 아니라 외곽지역에도 폭 넓게 분포하며, 나날이 그 수를 더하고 있다. 왼쪽의 사진은 시청사 주변 인포메이션센터에 입지하고 있는 광역권내 주요 태양광 이용시설의 현황 안내도면이다.

 이렇듯 많고 다양한 환경 중에서 대표적인 몇 가지만을 소개키로 한다. 우선 프라이부르크의 진입관문에서 실제적으로 가장 눈에 잘 띄는 건물 역시 태양광 시설로 중무장하고 있다. 프라이부르크 중앙역Haupt Bahnhof의 수평적 경관을 거슬러 높이 솟은 쌍둥이건물인 '솔라타워Solar Tower(높이 60m)'가 그것이다.

프라이부르크 중앙역 근처에 입지한 솔라타워

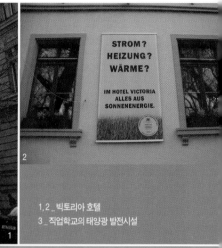

STROM?
HEIZUNG?
WÄRME?

IM HOTEL VICTORIA
ALLES AUS
SONNENENERGIE.

1,2 _ 빅토리아 호텔
3 _ 직업학교의 태양광 발전시설

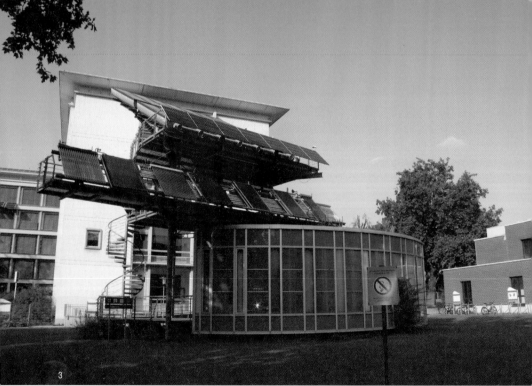

이 건물을 위해 프라이부르크의 '솔라공장Solar Fabrik AG'은 푸른색의 태양전지판을 특수하게 제작하였다고 한다. 이 전지판이 남측방향의 건물외벽에 뒤덮여 있는 솔라타워는 프라이부르크의 입구에서 태양에너지의 도시solar region를 상징하면서, 이 도시를 방문하는 관광객의 입성을 환영하는 듯하다.

프라이부르크 중앙역 방향에서 구도심으로 향하는 길목에 위치한 매우 유서 깊은 4성급의 빅토리아 호텔Victoria Hotel은 태양에너지의 활용뿐만 아니라 자원을 낭비하지 않는 독일 최초의 호텔로도 유명하다. 지붕에 태양전지모듈시설이 설치되어 있고, "전기? 난방? 설비? 빅토리아 호텔은 모든 것을 태양 에너지로부터 받고 있습니다"라는 걸개그림을 내걸고 있다. 건물 밖에서는 관광객을 기다리고 있는 자전거 택시를 종종 볼 수 있다.

중앙역과 이 호텔에서 멀지 않은 곳에는 리차드 페렌바흐 직업학교Richard Fehrenbach Gewerbeschulen가 위치해 있다. 이 학교는 프라이부르크의 에너지관련 전문기술자를 길러내는 요람인 동시에, 태양 에너지의 도시 프라이부르크의 관광홍보용 시설로도 충분한 몫을 다하고 있다. 건물 입구에 태양광 발전과 난방용 시설을 함께 설치해 놓았으며, 잔디밭 둘레를 빙 돌아태양 에너지와 관련된 원리를 소개하는 안내판을 두어 일반인의 이해를 돕고 있다.

140여명의 조합원과 출자금 700만 마르크로 출범한 '솔라공장' 솔라파브릭은 독일 솔라시장에서 가장 성공한 모듈제조업체이다. 솔라파브릭은 자원을 낭비하지 않는 '무 방출Null-Emission'의 공장 건물과 공장 가동 에너지로 충당하는 친환경적 경영방식으로 이미 많은 상을 수여받았다. 이 공장은별도로 치밀하게 구성된 태양광 에너지수용시설을 활용하여 공장시설을 가

태양전지모듈 제조업체인 솔라파브릭의 외관과
전면부 휴게공간

동하고 있다. 유리로 형성된 공장건물의 외벽은 자연의 햇볕을 받아들여 유
용한 에너지원으로 전환시키는 동시에 공장건물의 폐쇄성 역시 극복시킨
다. 건물 전면부에는 작은 계류를 따라 갈대 등 수변식물이 잘 조화된 아름
다운 정원과 작은 휴게공간이 펼쳐져 있다. 이 공장은 이 지역에서 발전하고

있는 다양한 솔라사업 전 분야를 지원함으로써 지방정부와 함께 프라이부르크의 솔라 경제를 견인하고 있다.

친환경 에너지를 위한 도시행정과 시의 기획력을 대변하는 사례 중의 하나로 시민이 만든 프라이부르크 축구단SC Freibrug이 흔히 거론되곤 한다. 1995년 8월, 프라이부르크 시내 바데노바Badenova 축구경기장 스탠드지붕에 이 시에서 두 번째로 대형 태양광발전장치의 부설이 기획되었다. 이 시설은 프라이부르크 축구팀의 분데스리가 1부 승격에 맞춰 설치되었는데, 시는 이 발전장치의 설비를 시민출자로 설치하고, 생산된 전기를 시 정부가 출자한 전력회사에 되팔며, 그 이익을 출자자에게 배당하는 창의적인 시스템을 구

차두리 선수의 활약상을 특집으로 다룬 주간잡지의 표지(자료출처: Heimspiel)

바데노바 축구장의 내부 환경. 등번호 6번의 차두리 선수가 경기에 임하고 있다.

경기장 외부 눈높이에서 보이는 태양에너지 수용시설

축하고 지원하는데 노력을 아끼지 않았다. 그리고 스포츠클럽 프라이부르크 SC Freiburg 역시 축구경기장의 연간 지정좌석권을 투자자를 위한 배당으로 제공함으로써 시민참여의 효과를 극대화한 바 있다. 지금은 다른 쪽 스탠드 지붕에도 남쪽 방향으로 지지대를 설치하고 태양전지판을 세워 놓았다. 이곳 시민들이 사랑하는 그들의 프로축구팀 SC 프라이부르크에는 2009년 시즌부터 차두리 선수가 활약하고 있어 유학생들에게 힘을 보태주고 있기도 하다.

■ 풍력과 소수력 관련시설

태양 에너지가 프라이부르크의 친환경 에너지를 이루는 기간동력임에는 틀림없으나, 이와 별도로 소수력, 풍력 등의 친환경 발전시설 역시 장려되고 있다. 프라이부르크 시내 곳곳에서는 여러 산 위에서 쉼 없이 돌아가는 풍력발전기들이 발견된다. 이중 슐로스베르크 산 중턱에 우뚝 솟은 높이 98m의 풍차 6대가 생산하는 풍력발전은 시 전력소비의 1.9%인 약 5,600가구분에 해당되며, 시가지 전역이 조감되는 샤우인스란트 산 전망대 부근에도 대형풍력발전설비 2기가 돌아가고 있다. 현재 태양광과 풍력 등을 합한 재생에너지는 전체

샤우인스란트 산에서 조감되는 풍력발전시설과 도시의 입지

1 _ 프라이부르크 대학에 인접한 소수력 발전시설
2 _ 드라이잠 강의 수력발전시설
3 _ 구도심의 인셀(Insel) 지역에 설치되어 있는
소수력 발전시설
4 _ 직업학교의 소수력 발전시설

에너지 소비의 5% 이상을 차지하고 있으나, 프라이부르크는 이 재생에너지
비율을 2010년 12.5%, 2020년 20%로 높이는 계획을 추진하고 있다.

소규모의 수력발전 역시 프라이부르크에서 적용이 증대되고 있다. 오늘날
프라이부르크를 더욱 매력적으로 만드는 요소 중 하나인 도시 내 간선수로에
서만 7개의 소수력발전시설과 1개의 종합발전소 시설이 입지하여 약 204kw
의 에너지를 생산하는 것으로 알려져 있다. 이러한 소수력 발전시설 중 특징
적인 것의 하나가 전술한 직업학교Richard Fehrenbach Gewerbeschulen 건물 전면의
간선수로의 낙차를 이용한 시설이다. 이 시설은 우리의 물레방아와도 분위기
가 비슷해 친숙한 정감을 제공한다. 또한, SC 프라이부르크 프로축구팀의 홈
구장인 바데노바 축구경기장에 인접한 드라이잠 강 내부에도 물길을 인위적
으로 가두었다가 그 낙차를 이용하고 있는 수력발전시설이 입지해 있다.

# ✤ 도시의 공원녹지 관련분야

## 기초적 여건과 정책적 전개

### ■ 프라이부르크의 숲과 산림

프라이부르크는 흑림 자연보호
구역의 남쪽을 가리키는 남흑림
Südschwarzwald의 거점도시로서,
이 도시의 주산主山인 샤우인스란
트Schauinsland는 독일에서 두 번째
로 큰 37만ha 규모의 자연공원이
다. 이러한 까닭에 프라이부르크
관내의 숲은 시 행정구역의 43%
정도인 약 6,400ha에 달하며 포도
밭만도 약 739ha에 이르러, 독일
의 행정단위 중 가장 넓은 임야를
보유한 도시로도 알려져 있다.

남흑림의 영역과 프라이부르크. 프라이부르크 행정구역 내에서뿐만 아
니라 광역권에서 산악자전거의 여행경로 상 만날 수 있는 마을들이 표
기되어 있다(자료출처: Naturpark Südschwarzwald(2009)).

이렇듯 프라이부르크는 독일 내 가장 푸르른 '녹색도시green city' 중 하나이
다. 비슷한 크기의 다른 어떤 도시보다 월등한 규모의 프라이부르크의 숲은
흑림의 거친 고지에서부터 라인 강 유역의 낮은 곳까지 다양한 풍광으로 펼쳐
진다. 즉 프라이부르크의 권역 내에는 충적토의 산림과 산악의 목초지, 거의
동식물군이 살지 않는 샤우인스란트의 산림, 그리고 다양한 서식환경의 비오
톱 등 여러 층위의 경관이 모두 포함되어 있다.

프라이부르크의 숲은 질적으로도 우수하여 경제림으로 기능하면서도 다양
한 부가가치를 창출한다. 임목이 자라고 생산되며, 지하수가 보존되는 숲에서

프라이부르크 시는 연간 약 3만 5천㎥ 규모의 목재를 벌목하여 약 2백만 유로를 벌어들인다. 아울러 프라이부르크의 숲은 화석연료를 대체하면서 지역적 맥락을 전해주는 친환경적 건축자재를 공급할 뿐만 아니라, 지역의 일자리를 보전하고 지역산업을 강화하는 등의 부수적 효과도 창출하고 있다.

프라이부르크의 산림은 흑림 가까이에 위치한 입지와 질적인 우수성, 그리고 풍부한 인프라 등으로 인해 연간 약 4백만 명이 찾는 도심 가까이의 휴양공간이며, 도시의 허파이자 녹색심장으로 기능한다. 아울러 지역의 90%가 자연보호구역에 해당되고, 15%가 비오톱biotope지역으로 지정된 산림은 여가와 레저 뿐만 아니라 교육 분야에서도 큰 역할을 담당한다. 프라이부르크 행정구역 내 전장 450km의 숲길, 스포츠와 모험활동, 교육용 탐방로를 제공하는 오솔길, 바비큐시설과 놀이공간, 전망대와 호수 등은 오늘날 프라이부르크 관광의 또 다른 핵심 분야를 이루고 있다.

■ 산림분야 정책의 전개

프라이부르크는 남흑림 자연보존단체의 구성원으로서 자연보호와 관광산업, 농업과 임업, 도시계획을 두루 감안한 목표를 설정하고 실행하고 있다. 다양한 유형의 많은 오픈스페이스를 보유한 프라이부르크의 정책적 기조는 우수한 자연자원이 더 이상 훼손되지 않도록 보존하는 데에 초점을 맞추어 왔다. 즉, 프라이부르크 면적의 46%는 경관보호구역으로서 약 7,016ha의 면적을 차지하고 이중 662ha는 자연보호구역을 겸한다. 또한 3,502ha는 유럽의 생물학적 자연보호 네트워크인 'NATURA 2000'의 기준에 근거해 보존되는 지역이며, 보호구역 바깥에 위치하는 200ha 이상의 비오톱 지역 역시 특별히 보존되고 있다. 참고로 '자연생태계와 동식물 서식지 보호지침' 또는 '생물종 보존을 위한 핵심프로그램' 등으로 지칭되는 NATURA 2000은 유럽연합이 생태적으로 위협을 받고 있는 서식처와 생물종을 보호하기 위하여 1992

년 5월 채택한 생태학적 네트워크를 가리킨다.

시 당국은 지속가능한 산림의 형성을 위해 전문가 그룹의 협력체계를 강화하면서 관리방식을 개선함으로써 프라이부르크의 숲을 건강하게 유지하는 데에 크게 기여하고 있다. 전 세계적으로 숲과 기후, 생태학 분야에서 세계적인 명성을 누리고 있는 시의 산림연구소Forestry Research Institute와 시험기관, 그리고 프라이부르크 대학의 임학 및 환경과학분야 전문가 등은 산림의 과학적 관리를 위한 유기적 협력체계를 구축하고 있다. 이들은 이 도시의 지속가능한 발전을 위한 유연한 협력체계인 프라이부르거 믹서Freiburger mixer의 일원으로서, 프라이부르크의 건강한 숲을 위한 실무적 연구를 지속적이고도 능동적으로 제공하고 있다.

이러한 지원체계를 바탕으로 프라이부르크는 오래 전부터 해양 다음으로 $CO_2$를 흡수하여 '청정허파green lung' 로도 표현되는 숲을 기후보전을 위한 핵심 관리대상으로 여기면서 친환경적 경영을 전개해 왔다. 일례로 1999년 시 산림국Forestry Office은 바덴뷔르템베르크 주내에서 첫 번째로 '산림관리협의회Forest Stewardship Council(FSC)'의 권고를 충실히 이행하는 체계적인 기관으로 인정받아 생산목재에 에코라벨을 붙여 판매할 수 있게 되었다. 또한 2001년 시의 임업협의회Freiburg Forest Convention는 지방차원에서는 최초로 '프라이부르크 산림협약'을 채택함으로써 지속가능한 산림관리를 위한 생태적, 경제적, 사회적인 책임을 스스로에게 부여하고 있다. 이에 따라 프라이부르크 산림의 관리에는 남벌의 금지, 제초제와 살충제의 사용금지 등 엄격한 기준이 적용되고 있다.

■ 도시공원녹지분야 정책의 전개

프라이부르크에는 경관보호구역 및 자연보호구역, 채원, 어린이놀이터, 묘지뿐만 아니라 심지어 트램 선로에 시설된 녹지까지 다양한 유형의 녹지가 자리하고 있다. 이 도시 내 스포츠시설용지를 포함한 공원녹지의 규모는 466ha

에 달하며, 이들 공원녹지에 대한 태도는 2020년을 목표로 하는 프라이부르크의 토지이용계획과 경관계획에도 잘 나타나 있다. 즉 이들 계획에서 "프라이부르크의 위상을 좌우할 오픈스페이스에 중점을 둠"을 공공연히 천명하고 있듯, 오픈스페이스 관련계획은 도시정책의 우선순위를 점하며, 종합적 측면에서 중요하게 다루어지고 있다.

프라이부르크의 오픈스페이스 관련정책은 도시공원과 녹지라는 제한된 차원을 넘어 도시계획, 건축, 환경분야 등이 유기적으로 협력하고 있다. 이러한 예로 지목할 수 있는 대상 중에 하나가 약 3,800개에 달하여 이 도시에서 쉽게 발견되는 분구원 클라인가르텐kleigarten이다. 이는 식구들에게 신선한 야채를 공급하고 자연을 가까이서 접하게 하는 오아시스로서, 시 당국의 지원을 통해

1, 2 _ 프라이부르크에서 쉽게 발견되는 분구원의 환경

3 _ 프라이부르크에서 쉽게 발견되는 묘원의 환경(힌터차르텐)

운영된다. 프라이부르크 시내 도처에서 발견되는 묘원 역시 도시적 차원에서 관리되는 오픈스페이스로서 시민의 일상생활을 훌륭히 지원하고 있다.

숲 안내판 시설

숲속 개울물의 생태교육안내판

숲에서의 오감체험활동 안내판

프라이부르크의 공원관련 정책에 있어서 규모 있는 신규공원의 조성이 중요한 적도 있었으나, 이들의 수요를 어느 정도 충족한 근래에는 오픈스페이스 간의 효율적 연계화가 새로운 과제로 떠오르고 있다. 프라이부르크는 이 부분을 보강하기 위해 자전거도로망과 녹도를 지속적으로 확충, 정비하고 있다. 이와 아울러 제한된 공원녹지를 유용하게 사용하기 위한 개조사업 역시 활발히 진행하고 있는데, 이 경우 친환경성을 강화하면서 사회적 교류를 촉진하기 위한 노력이 돋보인다. 즉, 프라이부르크의 160여개 놀이터 중 46개소 이상이 어린이들과 그들의 부모가 협력하여 더욱 '친자연성'을 강화하는 방향으로 개조되었다. 주민 스스로가 만드는 이들 환경은 당연히도 친환경적일 뿐만 아니라, 사회적인 유대를 강화하는 매개체가 되고 있다.

시정부의 산림부서는 민간과 공공의 환경교육시설들을 지원하면서 문덴호프 사슴공원Mudenhof deer park을 관리할 뿐만 아니라, 산림을 이용한 교육적 이벤트와 투어, 소풍활동 등을 주관한다. 특히 독일의 경우 어린이가 숲을 찾아, 냄새 맡고, 맛보고 추적해 보는 '실천적' 프로그램을 매우 중시하는 까닭에, 종일토록 숲에서 놀면서 알고 즐기는 1일 숲 유치원 등의 활동이 매우 활성화

숲속 놀이터 환경들

되어 있다. 2005년 통계를 보면 약 7천5백여명이 시 산림의 생물권 보전권역을 찾은 것으로 나타나고 있다.

## 세부 환경대상별 관리정책

### ■ 수목 및 초지

보봉 생태주거단지 외곽의 녹지환경

프라이부르크는 공공환경에 존재하는 수목 및 초지를 친환경적 측면을 강조하면서 자연에 근접하는 기준을 통해 관리해오고 있다. 지난 20년 이상동안 프라이부르크의 공공공원에서 살충제의 사용을 금지해온 것은 그 한 예이며, 식재계획의 수립 시에도 지역에 자생하는 초목만을 도입하는 것을 원칙으로 삼고 있다. 아울러 연간 12회까지 하던 초지의 벌초 횟수를 2회까지로 단축함으로써 초지의 생물다양성을 증진시키기 위해 노력하고 있다. 이러한 관리방식에 의해 가로를 따라 식재된 약 2만2천여 그루의 가로수와 더 많은 공원 내 수목들은 도시 내 생태적 건강성의 회복과 미기후 개선에 실제적으로 기여하고 있다. 또한 관리비의 절감은 물론이고, 인공적 경관이 우세한 도시환경 내에 원생자연을 닮은 환경이 도입됨으로써 도시경관이 더욱 극적으로 연출되기도 한다. 한편, 리젤펠트

*Riselfeld*와 같은 신규개발 생태주거단지에 있어서는, 수
목을 사랑하는 주민 개개인에게 자신의 가로수 관리표
찰을 만들어 주면서 관리책임을 위탁하기도 하였다.

관리가 용이한 생태적 야생초지(힌터차르텐)

■ 물 관리

　프라이부르크의 물 관리 또한 생태적인 측면을 적극 활용하고 있다. 하천의 경우, 지난 날 인위적으로 물길을 바꾸거나 직강화 하였던 오류를 반성하고 가능한 한 자연적 물길로 되돌리려 하고 있으며, 수변보호를 위한 녹지조성과 하상의 개조에 힘쓰고 있다. 프라이부르크 드라이잠Dreisam 강의 오래된 댐식

1, 2 _ 드라이잠 강의 환경
3 _ 드라이잠 강변 물환경관련 안내시설
(비데노바 경기장 주변)
4 _ 거친 하상처리방식의 근경 사진

1_ 우수의 자연유하를 도모하는 녹지(보봉지구)
2_ 빗물의 지하수로의 유입장치(힌터차르텐)

물막이 장치들 역시, 거친 지면 경사식의 하상형태로 대체되었다. 또한 물길이 단절되어 왔던 환경에 작은 수력발전시설을 입지시킴으로서 친환경적인 에너지를 생산하는 동시에, 물고기들이 상류로 이동할 수 있는 어도魚道를 확보하는 등의 일석이조의 효과를 얻고 있다. 아울러 지구온난화 등의 영향으로 재해의 예방이 중요한 과제로 떠오르고 있는 이때, 프라이부르크는 시뮬레이션을 통해 홍수의 위험성을 감안한 대지의 이용계획을 작성하여 건축행정에 반영하고 있다.

민간의 환경에 있어서도 물이 효율적으로 관리될 수 있도록 다양한 방안을 강구해왔다. 빗물을 하수구로 그냥 흘러 보내지 않고 녹지를 통해 부분적으로 이용하면서 유해물질을 걸러낸 후 지하수로 스며들도록 하는 조처가 보편적으로 적용되고 있는 것이다. 이를 위해 건축계획과 허가과정에 있어, 건물 신축지에 중앙집중식 혹은 개별적인 강우흡입장치를 설치하는 것은 이미 오래 전부터 하나의 표준으로 정착되었으며, 옥상정원을 적극 권장함으로써 물이 불필요하게 흘러 사라지는 것을 방지하고 있다.

■ 토양관리

　프라이부르크는 토양과 지하수의 효율적인 관리를 위하여 기존의 오염상태
와 환경유해물질로 인한 새로운 오염 정도를 기록하는 토양상태 보고서를 작
성하여 운용하고 있다. 즉, 1991년부터 2006년까지 시의 영역 내 오염이 의심
되는 구역에 대해 검증작업을 시행한 결과, 약 1,790건 이상의 오염 건이 환경
국에 등록되었고 체계적인 평가작업 후, 필요 시 차단되어 토질개선작업이 이
루어질 수 있도록 하였다. 이러한 오염지역 등록자료는 토지소유자들과 건축
설계자들에게 필요한 사전정보를 제공함으로써 요구되는 조처를 신속히 취할
수 있도록 하기 위해 마련된 것이다. 아울러 이 데이터를 통해 취약하거나 오
염된 구역들이 속속 확인됨에 따라, 토양산성화를 비롯한 토양환경위험에 대
한 대처와 그 개선을 위한 중장기적 접근이 가능하게 되었다. 현재 시 산림의
5%에 달하는 샤우인스란트 산의 경사면 숲이 법적인 토양보호 산림으로 지정
되어 보호받고 있다.


✤ 문화적 기반과 이벤트 관련분야

### 프라이부르크의 문화산업과 시설

　앞서도 잠깐 언급하였지만, 도시의
문화적 정체성을 유지하기 위한 정책
적 지원과 배려 등으로 인해 크지 않
은 규모의 도시, 프라이부르크는 다른
대도시를 능가할 만큼 문화적 기반이
탄탄하며 다양하다. 이런 규모의 도시
에 문화예술관련 종사 단체가 200~

컨벤션도시 프라
이부르크를 홍보
하는 광고 내용
(자료출처: 2009
년도 판 Freiburg
Accommodation
Guide)

300개 정도 모여 있다는 것은 실로 놀라운 일이 아닐 수 없다. 또한 도시인구의 45%가 가톨릭 신자, 27%가 개신교 신자로 구성되어 있는 전형적인 기독교 도시인 프라이부르크에 20여개의 불교 그룹이 존재한다는 것은 이 도시의 문화적 다양성을 잘 나타내는 사례라고 할 수 있다. 이 도시의 문화적 다양성은 도시 관광산업을 촉진하는 큰 동력으로, 프라이부르크에는 2008년을 기준으로 약 122만명의 관광객이 다녀갔다.

　헤아릴 수 없을 정도로 다양하게 펼쳐지는 프라이부르크의 문화적 활동 중 공공부문에서 가장 괄목할 만한 것은 역시, 재생에너지 관련이벤트가 될 듯 하다. 즉, 에너지 안보energy security와 기후변화climate change 이슈에 가장 유망한 솔루션을 제공하는 신재생에너지 분야에서 괄목할만한 성과를 가져온 프라이부르크는 국제산업박람회와 관련 심포지엄의 주최도시로도 유명하다. 이 도시가 개최해왔던 대표적인 국제행사는 '인터솔라Intersolar' 박람회를 꼽을 수 있다. 인터솔라는 전시업체 수, 전시장 면적, 참가국 등 환경산업 및 기술 분야에서 세계 최대 규모를 자랑하는 박람회로서 2007년까지 8년간 프라이부르크가 개최해왔다. 2007년에 이르러 가설전시공간을 마련해야 할 정도로 규모가 커진 이 전시회를 2008년부터는 뮌헨에 양보하는 대신, 프라이부르크는 이제 '에너지 건축전'을 새롭게 키우고 있다. 또한 프라이부르크는 국제태양광 연구동향을 주제로 하는 '태양정상회의Solar Summit'의 개최도시로서 2009년의 행사는 10월 14일에서 16일까지 이 도시의 콘서트홀에서 개최된 바 있다.

　이러한 대규모 행사들은 성격에 따라, 1만 명의 입석인원을 수용할 수 있는 대규모 행사장인 프라이부르크 메세Messe(Freiburg Exhibition Centre)나, 1,800석 규모의 콘서트홀Concert Hall, Freiburg에서 개최된다. 그러나 다소 규모가 작고 시민들과 호흡을 가깝게 할 필요가 있는 행사들은 시립문화회관Stadt Theater, 시청Rathaus, 대학교의 관련시설 및 공원과 광장 등을 이용해 개최하고 있다.

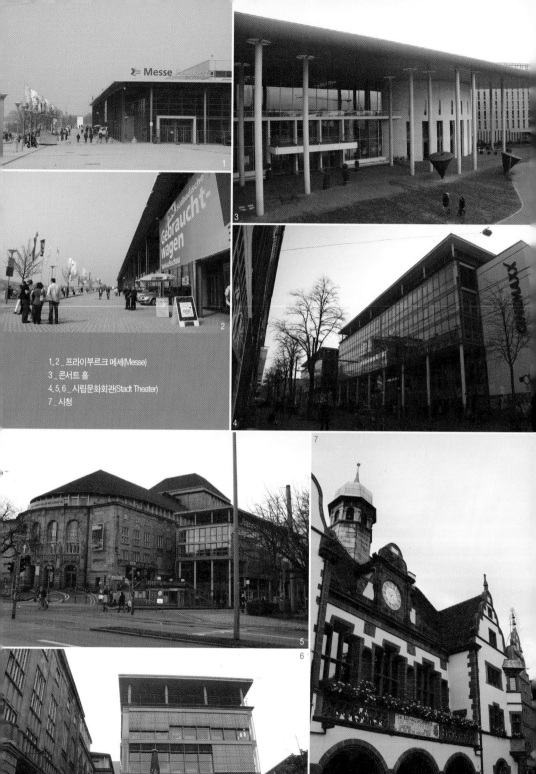

1, 2 _ 프라이부르크 메세(Messe)
3 _ 콘서트 홀
4, 5, 6 _ 시립문화회관(Stadt Theater)
7 _ 시청

태양이 아름다운 도시 프라이부르크는 유럽의 여느 다른 도시들에 뒤지지 않는 활기찬 도시이다. 따라서 이곳에는 연중 크고 작은 행사와 축제들이 끊이질 않는다. 이들 행사 중 중요한 것들은 당연히 인터넷이나 관광안내서 등에 미리 공지되어 있어 도시문화관광산업에도 일조하고 있다.

2009년 프라이부르크의 주요 행사일정. 이 도시의 인포메이션센터에서 판매하는 2009년도 판 Accommodation Guide 책자에 수록된 주요 연중행사계획이다.

이들 이외에도 문화적 활동은 매우 다양한 양태로 이루어진다. 바로크시대의 음악을 연주하면서 전통적 맥락을 잇는 공연, 비디오 오페라 등과 같은 대안적 문화를 형성하려는 움직임, 소규모 형식의 아방가르드적인 음악회나 전시회, 서점을 중심으로 한 문화행사나 작가와의 대화, 문학의 밤 등등 그 종류는 미처 다 헤아릴 수 없다. 또한 대학교수의 강의를 중심으로 다양한 의사소통의 장이 이뤄지기도 하고, 종종 주점이나 카페와 같은 곳에서도 작은 문화행사가 열린다.

이들 중 매년 6월말에서 7월 중반까지 개최되며 2009년 27주기를 맞이한 국제천막음악축제Internationale Zeltmusikfestival는 클래식, 재즈, 록, 팝 등 다양한 장르에서 6백명 이상의 예술가들이 참가하는 개방적인 형식의 음악축제이다. 그 이외에도 계절에 따라 크고 작은 거리의 음악축제가 열려서 도시는 살아 움직이는 문화의 장이 된다. 이들 축제들은 물론 그 성격에 따라 다양한 형식으로 전개되나 많은 경우, 거리나 광장에서 개방적인 형태로 진행된다. 따라서 이를 두고 '거리의 파티street party' 또는 '일상의 공연open air concert' 이라고 지칭하기도 한다. 사회적 모임을 좋아하는 프라이부르거freiburger들은 함께 둘러 앉아 삶 자체를 즐긴다. 이중 프라이부르크에서 특별한 행사들 몇몇만을 살펴보도록 한다.

## 대표 축제들

### ■ 봄맞이 축제: 파스넷Fasnet

파스넷의 내용과 이동경로 등을 소개하는 팜플렛

긴 겨울을 지나 봄을 맞는 기쁨을 카니발 형식의 축제로 표현하는 파스넷 Fasnet 중, 특히 흑림 인근지역의 전통은 기독교로 교화되기 이전에 존재하던 게르만 족의 민속신앙에 뿌리를 두고 있는 것으로 알려져 있다. 흑림의 수도로 일컬어지는 프라이부르크의 시민들은 마을마다 독특한 가면을 쓰고 색색의 옷으로 분장을 한 채 거리를 활보한다. 저마다 우스꽝스럽게 치장한 가장행렬들은 '겨울'을 상징하며 '바보'라는 의미의 나로 narr 또는 나렌narren 등으로 불리운다. 이 '나로' 뒤로 채찍을 든 어린이들의 행진이 이어지기도 하는데, 이는 겨울이 가고 새로운 봄을 맞는 즐거움을 표현하는 것이라 한다.

프라이부르크에서는 1934년부터 이 축제를 관장하는 BNZ(Breisgauer Narrenzunft)라는 조직이 설립되어 행사를 이끌고 있다. 뮌스터 광장과 베르톨트브룬넨 등 구도심의 중요 장소와 간선도로를 순환하면서 퍼레이드를 진행하며, 떠들썩하

게 악기를 두드리거나 구경꾼들에게 사탕을 던져주면서 연호를 유도하고 같이 호흡하는 방식으로 진행된다. 새봄을 맞이하면서 지역 TV에서 중계방송을 할 정도로 큰 행사이며 인근의 마을이나 단체 등과 더불어 자매도시들도 참가한다.

■ 프라이부르크 시티 마라톤Freiburg City Marathon

겨울동안 흐르지 않던 도시수로 베힐레Bächle의 물은 새봄을 맞은 어느 순간, 다시 흐르기 시작한다. 이와 거의 같은 시기, 구도심에서는 프라이부르크 시티 마라톤Freiburg City Marathon 행사가 연례행사로 열리는데 2009년에는 일요일인 3월 29일 개최되었다. 남녀노소 구별 없이 대중적으로 참가하는 마라톤 행사이긴 하나, 대학도시답게 젊은 학생들이 당연히 눈에 많이 띈다. 주말을 맞아 트램tram까지 통제한 가로를 가득 메워 달리는 젊은 열기로 도시는 이내 활력이 넘쳐난다. 거리의 한쪽 편에서는 어두웠던 겨울을 서둘러 벗기기 위해, 달리는 이들을 응원하기 위해 밝은 음악들이 울려 퍼진다.

프라이부르크 시티 마라톤의 분위기를 전하는 지역잡지의 카툰(자료출처: Freiburg Aktuell(2009, 3))

## ■ 와인 축제|Wine Festival

프라이부르크 인근 지역에서 생산되는
와인들이 관련잡지에 광고되고 있다(자
료출처: Freiburg Aktuell(2009. 3)).

프라이부르크가 속한 이곳 바덴지역의 포도주
는 강렬한 태양과 건조한 기후조건으로 인해 품
질이 매우 우수한 것으로 알려져 있다. 따라서
많은 도시에서도 행해지는 와인 축제가 물론 이
곳에서도 빠지지 않고 열린다. 아니 오히려 프라
이부르크의 와인 축제는 다른 도시들보다 오랜
전통을 자랑할 뿐만 아니라, '포도주 애호가의
메카'로서 기능한다. 프라이부르크 시의 850주
년을 기념하는 1970년부터 정례화 되기 시작한

뮌스터 대성당 전
면광장에서 열리
는 와인 축제

와인 페스티발은 이제 이곳 달력에서도 고정된 날로 표기되고 있다.

프라이부르크의 와인 페스티발은 대개 7월 첫 번째 주말을 기준으로 뮌스터 대성당의 광장과 시청 전면광장을 중심으로 열리는데, 2009년에는 7월 2일부터 7일까지 개최되었다. 시민들은 이 행사를 위해 준비된 유리글라스를 저렴한 가격에 구입하거나 빌린다. 그리고 바덴의 각 지역에서 생산된 포도주들을 선택하여 시음하면서 이곳의 음식과 함께 즐긴다. 유쾌하게 떠들고 즐기는 광장 한쪽에서 아름다운 연주가 흘러나오면 시민들은 장단을 맞추며 화답한다. 이 기간을 놓치거나 아직도 미련이 남아 있는 시민들을 위해서 8월 초 뮌스터 광장에서는 와인 테스팅wine testing이라는 의미의 '와인코스트 Weinkost' 행사가 별도로 열리기도 한다.

■ 프라이부르크 크리스마스 마켓Freibrug Christmas Market

연말이 다가오면서 낮 시간이 짧아지고 기온이 떨어지기 시작하면 시민들은 크리스마스 마켓을 기다린다. 프라이부르크 구도심에서 열리는 크리스마스 마켓은 독일에서 가장 아름다운 마켓 중의 하나로 꼽힌다. 구 시청 앞에 들어선 유서 깊은 건물들을 배경으로 아름답게 장식된 크리스마스 트리가 설치된다. 그리고 따뜻한 음료와 간단한 요기꺼리도 즐비하다. 특히 밤하늘에 반짝이는 갖가지 장식품과 장신구들은 도심 전역을 크리스마스 분위기로 젖어들게 한다. 구 시가지의 운터 린덴Unterlinden, 카토펠마르크트Kartoffel Markt 등에서도 개최되며, 2009년에는 11월 23일부터 12월 23일까지 성황리에 행사가 개최되었다.


■ 기타 행사들

대중적인 록 공연의 팜플렛

국제 댄스페스티벌

영화제 포스터

위에서 언급한 축제 및 행사들 이외에도 프라이부르크에서는 다양한 활동들이 펼쳐진다. 그중에서도 대학도시로서의 특징을 보유하고 있는 도시답게 젊은이들을 위한 문화공연의 빈도가 높다. 위에 보이는 팜플렛 자료들은 2009년 2월에 있었던 록 공연과 3월에 열렸던 영화제, 그리고 10월에 개최되었던 국제 무용페스티벌의 홍보물들이다. 이중 국제 무용페스티벌은 2009년 17회를 맞은 행사로서, 일본의 자매도시 마츠야마松山 등에서 출연 팀을 보내오기도 하였다.

크리스마스 마켓
의 준비 모습과
시청앞 광장 앞에
서 열리고 있는
크리스마스 마켓

세번째,

## 주목되는 장소와
## 오픈스페이스

프라이부르크라는 도시에
서 느껴지는 장소적 특질
은 최근의 디자인관련 작
품집이나, 잡지에서 쉽게
볼 수 있는 첨단과 화려함,
거대함 등의 이미지와는
전혀 다른 맥락이 느껴진
다. 이 도시의 방문자는 원래 거기에 그렇게 있어왔었던 것 같은 자연스러움
과 꾸미지 않은 맨 얼굴의 아름다움, 그리고 편안함과 같은 특유의 장소감각
을 느끼게 된다. 이는 실리와 실용을 중요시하는 독일 특유의 국민성과 이 도
시의 규모 등과도 결부될 것이나, 무엇보다도 도시와 자연을 대하는 프라이
부르크 시민의 보편적 태도 자체에 의해 드러나는 것이 아닌가 싶다.

프라이부르크는 전통을 보존하면서 풍요롭고 건강한 오픈스페이스를 확보하기 위해 노력해왔다. 이 도시에 위치한 매력적인 장소환경들에 대한 이야기는 객관적 사실을 언급하면서 필자의 주관적 감상을 부분적으로 곁들이는 방식으로 진행토록 하겠다.

프라이부르크를 소개하는 많은 경우 그 입지적 우수성이 먼저 언급되곤 하는데, 이는 이 도시의 자연환경이 그만큼 특별한 것을 시사한다. 흑림지대 남서쪽 기슭, 슐로스베르크Schlossberg 산자락 아래에 아름답게 자리한 프라이부르크는 지난 수세기 동안 천혜의 자원과 경관을 도시의 지속가능한 발전전략과 효율적으로 연계해왔기 때문에, 세계적인 환경수도로서의 정체성을 형성할 수 있었다.

그러나 우수한 도시의 입지와는 별도로, 일상생활에서 시민들이 향유하는 오픈스페이스와 장소환경은 의외로 소박하고 정겹기만 하다. 예를 들어, 도시 내 작은 공간마다 큰 그늘을 제공하면서 계절적 아름다움을 전해주는 아름드리 고목이나 오래되고 작은 분수가 위치함으로써 우리네 정자목亭子木 주변과

같은 느낌을 준다. 특히 전통적이고도 고풍스런 분위기를 기반으로 하는 프라이부르크의 구도심 환경은 시민을 압도하거나 방문자의 눈을 미혹케 하지 않으면서도 특유의 장소감각을 전한다. 자연환경이 우수한 근교와 외곽지역에서는 대규모 인공시설을 발견하는 것 자체가 쉽지 않다.

프라이부르크 구도심의 전경 사진들

1 _ 새봄이 오는 구도심의 녹지대
2 _ 여름날 오후의 도심
3 _ 만추의 쇼핑가로
4 _ 겨울을 흐르는 시냇물

이렇듯 프라이부르크라는 도시에서 느껴지는 장소적 특질은 최근의 디자

인관련 작품집이나, 잡지에서 쉽게 볼 수 있는 첨단과 화려함, 거대함 등의

이미지와는 전혀 다른 맥락이 느껴진다. 이 도시의 방문자는 원래 거기에 그렇게 있어왔었던 것 같은 자연스러움과 꾸미지 않은 맨 얼굴의 아름다움, 그리고 편안함과 같은 특유의 장소감각을 느끼게 된다. 이는 실리와 실용을 중요시하는 독일 특유의 국민성과 이 도시의 규모 등과도 결부될 것이나, 무엇보다도 도시와 자연을 대하는 프라이부르크 시민의 보편적 태도 자체에 의해 드러나는 것이 아닌가 싶다.

이러한 상황과 관련하여, 또다시 좀처럼 풀리지 않는 화두인 "좋은 환경이란 어떤 것일까"라는 의문이 고개를 든다. 많은 경우, '좋은 환경'은 물리적 환경으로서의 공간과 구별되는 '장소place'라는 개념을 통해 설명되기도 한다. 그렇다면 보이지도, 만져지지도 않는 의미와 가치 등의 영역까지를 포괄하는 '장소'의 성립 여부는 환경과 그 안에 담겨 활동하는 주체가 상호 교감하고 소통하는 양과 질의 정도를 통해 판단될 수 있지 않을까라고 생각해본다. 이러한 자문자답이 크게 어긋나지 않는다면, 환경의 값어치와 규모, 장식 등은 부차적인 문제일 뿐이며, 무엇보다도 그 환경의 내밀성이나 진솔함 등이 본질로서 인정되어야 하지 않을까싶다.

우리나라 전통건축의 특징으로 '검이불루檢以不陋'와 '화이불치華而不侈'라는 미학이 지목되곤 한다. '검소하나 그렇다고 누추하지 않은 상태'와 '화려하지만 사치스러워 보이지 않는 상태'를 지칭하는 이 사자성어들은 우리의 옛 전통건축뿐만 아니라, 오늘날의 장소환경에서도 요구되는 덕목이라 할 수 있을 것이다. 그런데 우리나라와 지구 반대편에 위치한 이곳 프라이부르크의 장소환경들을 바라보면서 이들의 사자성어가 뇌리에서 떠나지 않는 것은 어떤 연유에서였을까?

이제 프라이부르크의 공원녹지요소들을 구도심, 근교, 외곽이라는 지역적 관점에서 구분하면서 그 특징들을 보다 자세히 살펴보도록 한다.

# ✤ 구도심의 매력적인 장소들

   프라이부르크 구도심에 산재한 매력적인 장소환경들을 열거하기 이전에, 구
도심과 관련된 기본적인 특성들을 상기할 필요가 있어 보인다. 프라이부르크
구도심의 영역으로는 옛날 성읍도시 시절, 성벽이나 해자가 있었다고 알려져
있는 도심 환상도로 Ring Straβe 안쪽을 지목하는 것이 일반적이다. 사실, 프라이
부르크는 제2차 세계대전 중 도시의 80%가 파괴된 폐허의 도시였다. 1940년에
는 독일 전폭기의 오폭으로 프라이부르크에 60여발의 폭탄이 투하되었다고

구도심의 경관을 간략
화한 지도(자료출처:
FWTM, Erlebnis Freiburg)

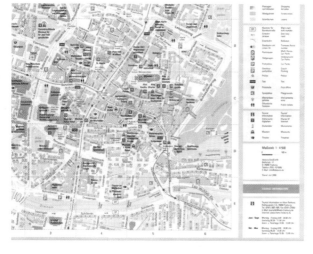

구도심의 배치도. 도면에서 회
색으로 표현된 도로의 영역이
보행자전용구간이다(자료출처:
Freiburg im Breisgau, 2009,
Amtlicher Stadtplan(1: 7,500)).

구도심 도면(자료출처: Freiburg
im Breisgau, 2007, Die City im
Maβstab-Citymap mini(1:
4,500))

구도심의 주요 볼거리를 소개하는 엽서의 앞뒷면. 간략화한 배치도 상에 주요 환경들을 표기하고 이를 뒷면에서 소개하고 있다.

구도심의 다양한 환경들을 소개하는 엽서사진들

하며, 세계대전이 막바지에 달한 1944년 11월 27일에는 연합군의 공중폭격으로 인해 도심 대부분의 지역이 황폐화되었다. 이 와중에서도 다행히 뮌스터 대성당은 거의 피해를 입지 않았던 것으로 알려진다. 앞서도 잠깐 언급하였지만, 종전 후 프라이부르크는 중세도시의 모습을 기초로 재건사업을 시행하였으며, 이 결과 오늘날 프라이부르크의 도시경관은 제2차 세계대전 이전의 그것과 크게 다르지 않은 중세적 모습을 유지하게 되었다.

## 구도심의 장소 특성
### ■ 녹색교통이 지원하는 복합용도의 구도심

구도심의 대부분 지역은 차량통행이 허용되지 않는 보행자전용구역이며, 대개 상업업무와 주거의 복합기능을 담고 있다. 또한 과거 고딕의 도시구조를 거의 그대로 물려받은 테두리블록periphery block의 건축물은 강력한 가로벽을 형성한다. 이에 날씨가 화창한 날, 이곳의 가로는 보행자의 활력 그 자체로 채워진다. 도시의 작은 장소들마다 색색의 돌들을 사용하여 만든 모자이크mosaic 문양의 바닥포장은 흥미를 넘어 예술적이기도 하다. 이 보행자구역 내에서 보행인과 전차tram, 자전거 등은 스스로 흩어졌다가 모이는 혼성의 방식으로 혼재한

다. 더욱이 이러한 현상은 시시때때로 행해지는 이들의 축제와 이벤트 행사시
에 더욱 그러하다.

　한편, 공공과 민간의 거의 모든 외부공간들이 담장이나 울타리와 같은 경계
barrier 없이 형성된 까닭에, 획지와 같은 물리적 경계를 판단하는 것도 쉽지 않
다. 오히려 경계에 구애됨이 없이 연속되는 석재포장과 이곳의 명물 도시수로
베힐레는 구도심의 이곳저곳을 적극적으로 연계한다.

녹색교통으로 구성
되는 복합용도의 가
로환경

내부로의 진입을 유도하는 가로환경

■ 내밀함이 묻어나는 구도심

프라이부르크 구도심의 간선축은 트램tram노선이 통과하는 동서방향 베르톨트 거리Bertold straβe와 남북방향 카이저-요제프 거리Kaiser-Joseph straβe의 두 축으로 구성된다. 트램이 교차하는 베르톨트브룬넨Bertoldbrunnen으로부터 고리모양의 링 로드ring road까지의 보행중심영역은 반경 약 300m를 다소 상회하는 구역을 이룬다.

이렇듯 매우 단순한 구조이면서 넓지 않은 도심부 환경에 많은 관광객들이 집중되는데, 그 이유 중의 하나로 이곳의 골목길 체계를 꼽을 수 있다. 즉, 프라이부르크 구도심의 골목길 체계는 도시환경 전체를 한 번에 인식할 수 없도록 하며, 깊이 들어갈수록 호기심과 내밀함이 더해지도록 하고 있다. 마치 서울의 인사동 골목이나 종로 피맛길 등에서 보아왔던 '내밀함의 미학'은 이 도시 프라이부르크에서도 빛을 발하고 있다.

이처럼 프라이부르크 구도심의 가로를 따라 건물의 벽면선이 엄격히 형성되는 연도형 건축배치와 달리, 블록 내부 쪽으로는 미로와 같은 다양한 형상과 폭원의 골목길을 통해 아기자기한 중정과 소광장이 연결된다. 이러한 구성체계

속에 골목의 안쪽까지 다양한 상업시설과 문화공간이 입지하며, 도시수로 베힐레Bächle와 인상적인 포장패턴, 그리고 아름다운 간판 등이 어우러져 골목의 구간마다 새로움과 풍부함이 더해지고 있다.

### ■ 변화하는 활동을 담아내는 구도심

프라이부르크의 도시 규모는 크지 않다. 더욱이 알트스타트Alt-stadt로 지칭되는 구도심의 영역은 매우 협소한 편이다. 그럼에도 불구하고 이 환경에는 활력이 넘쳐난다. 특히 도심중심축선 상의 동서, 남북방향 두 가로는 시간과 상황에 따라 그 모습이 다채롭게 변한다. 아직도 눈에 선한 포스코의 기업이미지광고에서처럼, 트램을 따라 자전거가 손 흔들며 지나간 가로는 다시 보행자들에 의해 거리낌 없이 점유되고 비상차량은 눈치를 살피며 조심스럽게 지나간다. 시민과 관광객들은 노천카페나 가로의 벤치에서 서로 어울려서 도시수로 베힐레의 물에서 텀벙대는 아이들이나 지나가는 사람들을 여유롭

트램, 비상차량, 보행자 등이 공존하는 혼성의 가로 환경

게 바라본다. 축제일을 맞이한 가로는 페스티벌의 중심공간으로 탈바꿈해 퍼레이드의 행렬이나 환호하는 시민으로 가득찬다.

이렇듯 변화하는 활동을 담아내는 공공공간의 예는 이 도시의 상징인 뮌스터 대성당 전면광장이 유기농 상설시장과 관광집회소를 겸하는 것에서도 찾아 볼 수 있다. 좁고 협소한 공공공간이지만 시간과 상황에 따라 많은 활동이 교차·중첩되면서도 이들 활동 간의 불협화음은 발생되지 않는다. 이는 공공환경에서 야기될 수 있는 다양한 활동이 그들 도시의 이름인 '자유'로부터 자연스럽게 묻어나오는 것이 아닐까 싶다.

## 구도심 내부의 장소환경

### ■ 베르톨트브룬넨Bertoldsbrunnen

과거의 베르톨트브룬넨은 1807년에 건설되었으나, 2차 세계대전이 한창이던 1944년 파괴되었다. 이 사진은 1902년 당시의 모습을 보여주고 있다(자료출처: Peter Kalchthaler, 2003, p.29).

베르톨트 거리Bertold Straβe와 카이저 요제프 거리Kaiser-Joseph Straβe는 구도심의 중심을 종횡으로 관통하는 간선축이다. 이들 중추적 간선도로가 교차 결절하는 프라이부르크의 중심에 이 도시를 있게 한 선조를 표상하는 베르톨트브룬넨Bertoldsbrunnen이 위치하고 있다. 사실 베르톨트브룬넨은 제2차 세계대전 당시 파괴된 옛 분수대를 대신하기 위해 시민의 성금을 통해 1965년 완공한 기념물이다.

이 도시의 옛날 모습을 드러내는 1446년판의 문헌은 과거 생선시장이 있었던 이 부근에 베르톨트브룬넨이 아닌 물고기분수fischbrunnen가 입지해 있는 것을 기록하고 있다. 그러다가 프라이부르크가 바덴 주로 귀속된 19세기의 시작즈음, 이 도시를 있게 한 통치자를 기념하기 위하여 이 도시의 설립자와 그 후손을 기리는 베르톨트브룬넨이 만들어지면서 이곳에 있던 물고기분수는 1807년 대체되었다. 그러나 제2차 세계대전이 한창이던 1944년, 베르톨트 분수와 주변이 폭격에 의해 파괴되었으며, 그 후 20여 년 동안 분수가 없는 사거리로 방치되다가 새로운 조형물 건설을 위한 모금운동이 시작되었다. 1956년 니콜라우스 뢰슬마이어Nikolaus Röslmeir가 현재의 새로운 황동기마상 베르톨트브룬넨을 디자인했으며, 1965년에 세워지게 되었다. 이 기념물은 카이저 요제프 거리가 보행전용가로로 개편되면서 중심부분으로 약간 옮겨진 것이다.

　베르톨트브룬넨은 분수와 같은 인공적 수경시설을 지칭하는 '브룬넨'의 명칭이 사용되고는 있으나 별도의 분수시설이 없는 대신, 도시수로 베힐레와 연결된 작고 얕은 연못에 위치한다. 그리고 연못 안 석회암 좌대 위에 위풍당당

1965년 이래 도시 중심에 새로이 위치
한 베르톨트브룬넨

하게 서 있는 베르톨트 5세의 기마상이 이 도시에서의 그의 위상을 전해준다. 베르톨트 동상은 고전풍의 사실적 형태로서가 아니라 다소 거칠어 보이는 질감과 형태로서 군주의 이미지를 포집함으로써 역사성을 표현하고 있으며, 보는 위치와 각도에 따라 양감量感과 느낌이 매우 다양하게 나타난다. 완공 당시 디자인에 대해서 많은 논란도 있었지만 이제는 과거의 조형물처럼 늙고 재미없어 보이는 베르톨트를 추억하는 사람은 거의 없다. 오히려 이 도시의 상징으로 당당하게 기능하는 베르톨트브룬넨은 이제 프라이부르크의 이미지와 분리할 수 없을 정도가 되어있다.

■ 뮌스터 광장Münsterplatz

'기독교 세계에서 가장 멋진 탑'으로 거론되기도 하는 뮌스터 대성당의 정식 명칭은 '은총의 성모에게 봉헌된 건축물Unser Liben Frowen Bauw'이다. 이 성당은 간선도로로부터 다소 비켜난 곳에 입지하고 있으나, 대개 5층 이하로 구성되는 구도심의 건축물보다 매우 압도적인 높이(116m)로 인하여 도심 어디에서나 두드러져 보인다. 이 건물은 그 규모와 더불어, 도시의 역사와 궤를 같이 한

카우프하우스

정신적 · 역사적 배경에 의해 프라이부르크
의 변하지 않는 상징이자 중심이 되고 있다.
아울러 내부계단을 통해 종탑 부분까지 걸
어 올라갈 수 있는 대성당은 도심 속 전망공
간이 되기도 한다.

또한 이곳의 외부공간인 뮌스터 광장
Münsterplatz은 주변 건물에 의해 품격이 더해
지고 있다. 그중에서도 1520년에서 30년 사이에 이전하여 신축되었으며, 아케
이드로 이루어진 합스부르크Habsburg가 양식의 전면부가 아름다운 카우프하우
스Historische Kaufhaus는 프라이부르크를 있게 한 14세기 자유교역 시기의 중심 건
물로서, 무역과 관세와 같은 교역관련 행정과 재정 등 시장 기능을 관장하는
지방정부의 산실이었다. 이외에도 광장 북쪽에 위치한 콘하우스Kornhous 등 많
은 전통적 건물들이 뮌스터 광장을 다소 폐쇄적으로 구획하고 있다. 광장 내
녹음은 거의 찾아볼 수 없으나 거친 돌로 마감된 광장 바깥쪽으로 베힐레의 수
로가 흐르고 있다.

성당 전면에는 2개의 분수Fischbrunnen, Georgsbrunnen가 대칭적으로 위치한다.
이들 중 전술한 베르톨트브룬넨 자리에 있던 것을 옮겨 설치한 물고기 분수

우편엽서에 나타나는 뮌스터
대성당의 이미지들

Fischbrunnen는 옛날
카이저 요제프 거리
의 시장에서 팔리던
물고기들이 이 분수
의 수반 속에 들어
가 신선하게 거래된
것에서부터 이름이
유래되었었다. 즉,

1, 2 _ 뮌스터 대성당 외벽의 디테일들
3 _ 성과 속의 경계처럼 보이는 광장 내 시설들

4 _ 뮌스터 광장의
야채시장
5 _ 대성당 외부의 시계
6 _ 성당 입구의 장식

7, 8, 9 _ 뮌스터 광장내
활동들
10 _ 광장 내 입상성인
(立像聖人) 동상

1446년부터의 기록이 존재하여 프라이부르크에서 가장 오래된 것으로 알려져 있는 이 분수는 19세기 초에는 뮌스터 가로가 시작되는 곳에 위치하다가 1970년 뮌스터 광장 내에 비로소 안착되어 오늘날은 '대성당 정문 현관의 왼손'으로 지칭된다. 한편, 이끼를 머금고 있는 거친 질감의 바닥포장 위로 우뚝 솟은 대성당의 다양한 장식들과 입상성인立像聖人의 조형물, 석재 볼라드 등은 세월과 종교의 무게감을 엄숙하고 경건한 방식으로 전달한다.

이곳에서는 다양한 활동이 끊이지 않는다. 주말과 일요일의 성당과 관련된 행사, 신선한 야채와 꽃, 각종 식료품들을 직거래하는 주중 농산물시장, 여름철에 더욱 확장되는 노천 레스토랑, 계절에 따라 치러지는 도시 규모의 축제와 각종 행사의 중심센터로서의 기능 등이 주요 메뉴이다. 그러면서도 해가 지는 저녁 무렵, 떠들썩함이 사라진 뮌스터의 빈 광장에 조명이 켜지기 시작하면, 또 다른 평온함과 잔잔한 감동이 전해진다. 이러한 다양한 이유로 뮌스터 광장은 프라이부르크의 심장heart of city 또는 도시의 응접실City's parlor로 지칭되면서 시민과 관광객에게 사랑받고 있다.

■ 아우구스티너 광장Augustinerplatz

이밖에도 크지는 않지만 많은 광장이 구도심 내부에 존재한다. 동일한 이름의 뮤지엄Augustinermuseum과 연접한 아우구스티너 광장Augustinerplatz은 원래 1300년경 이곳에 있던 수도원Monastery of Augustinian Hermits으로부터 유래된 환경으로, 구도심 동남쪽에 위치해 있다. 이곳에는 성읍도시 시절의 성벽 일부가 부분적으로 남아있어 지난날의 역사와 풍광을 부분적으로 짐작할 수 있으나, 성벽의 단차를 이용하여 공중화장실과 주차장 등을 입지시킨 구간 등으로 인해, 그 느낌이 오롯이 전해지지 않고 있다. 여유 있는 폭원의 계단에 의해 광장 구간의 단차가 극복되고 있는데, 이러한 레벨의 변화가 오히려 시선을 머물게 하고 활동을 촉진하는 것처럼 보인다.

아우구스티너 광장의 전경

아우구스티너 광장부분에 남아있는 옛 성곽의 흔적

광장 주변에 자연재료를 이용해 조성한 도심 어린이놀이터

　광장 주변으로는 뮤지엄 시설뿐만 아니라 레스토랑과 어린이놀이터 등이 근접해 있어 다양한 계층의 방문객이 즐겨 찾는다. 여름철에 시민들은 계단이나 벤치에 앉거나 누워 일광욕을 즐기면서 아이들의 뛰어노는 모습들을 지켜본다. 어떤 이들은 이곳을 흐르는 시원한 도시수로 베힐레에 맥주를 담갔다가 마시면서 한담을 나누는 등 '남부 취향'을 발산하기도 한다.

■ 시청 앞 광장Altes & Neues Rathausplatz

　구 시청 앞 광장Altes Rathausplatz은 화약의 발명자이며 이 도시가 자랑하는 인물인 베르톨트 슈발츠Berthold Schwarz가 보호하고 있는 장소로서, 이 조형물은 1853년 건설되었다. 그리고 이곳의 구 청사 건축물은 원래 13세기 때 지어졌으나, 1944년의 공습으로 완전히 파괴되어 1953년부터 1958년 사이에 현대적 소재를 사용하여 복원하였다. 현재 건물 1층 로비에는 2007년부터 도시안내 센터city information center가 자리하고 있으며, 그 바로 상층부에 시장의 집무실이 위치해 있다. 그리고 이곳은 모든 투어의 관광안내가 출발하는 장소이면서 전술한 뮌스터 광장과 더불어 도시적 규모의 다양한 행사가 개최되는 장소이기도 하다. 예를 들어 와인축제와 크리스마스 시즌 등과 같은 특별한 기간에는 이곳 광장에서 축제 형식의 마켓이 성대하게 벌어진다.

　한편, 광장의 북쪽과 동쪽은 1300년경에 건축되었으나, 역시 1944년 공습으로 파괴되어 이후 재건된 프란시스 수도원의 회랑과 만나고 있다. 이쪽 광장의 동쪽 경계 쪽 벽면에는 십자가에 매달린 그리스도 상이 걸려 있으며, 그 밑으로 종교적 열정이 가득한 모자이크 포장이 위치하고 있어 세속의 번잡함 속에서 또 다른 경건함이 느껴지기도 한다. 광장의 다른 경계부분에는 신청

구 시청 앞 광장

1 _ 시청 앞 광장을 보호하고 있는 베르톨트 슈발츠 동상
2 _ 광장에 면한 수도원 회랑 외벽
3 _ 청사 전면부의 자매도시 모자이크 포장

사Neues Rathaus와 레스토랑 등이 입지하고 있다. 신청사 역시 1896년에서 1901년 사이에 지어진 건물로서, 과거에는 프라이부르크 대학의 강의와 행정을 위해 사용되기도 하였던 전통적인 건물이다. 이곳 청사의 전면 광장부에는 프라이부르크와 자매도시의 연을 맺은 각국의 도시들이 아름다운 문장 속의 조각돌 포장으로 기념되고 있다. 권위와 격식이 전혀 느껴지지 않는 청사 건물과 그 전면광장은 시민의 일상에게 항상 열려있는 환경을 이룬다.

■ 카토펠 마르크트Katoffel Markt

프라이부르크 후기 고딕양식의 정점을 이룬다고 평가되는 건물은 1514년에서 16년 사이에 완공되었으며, '고래의 집house of whale'을 의미하는 줌윌피쉬 Zum Walfisch라는 건축물이다. 유명한 학자 에라스무스가 거주하기도 했던 이 건물은 합스부르크 스타일로 튀어나온 퇴창과 금색으로 도금된 현관과 창문,

그로테스크한 이무기돌 등이 독특한 느낌을 전해준다. 이 건물과 마주하여 카토펠 마르크트Katoffel Markt가 위치하고 있다. 굳이 번역하면 '감자시장'에 해당하는 이 광장 주변으로 백화점과 전문점, 은행 등이 입점하고 있는 오늘날에는 당연하게도 감자시장이 열리고 있지 않으나, 지명을 통해 자유무역시대의 기억을 전한다.

구도심의 많은 구역과 마찬가지로 이 광장을 둘러싼 건물들은 형태적으로는 과거와 맞닿아 있으나, 내부는 새롭게 단장되어 복합용도로 구성되어 있다. 즉, 상업과 문화기능이 입지하고 있는 저층부 기능을 통해 관광객을 불러 모으면서도 상부 층에는 도심의 공동화를 방지하기 위한 주거용도가 적극 도입되고 있다.

또한 이곳 근처에 재미있는 조형물이 입지하고 있다. 사과를 먹고 있는 유머스러운 원숭이 상이 그것으로 길가는 사람들로 하여금 미소를 머금게 한다. 이는 1905년 가우흐 스트라세Gauch Straße에 위치한 은행건물 분수의 조형물로서, 이 은행은 당시 도시수로 베힐레와 분수의 건설을 지원하였다고 한다. 사과를 깨물어 먹고 있는 원숭이 입에서 나온 물은 사과

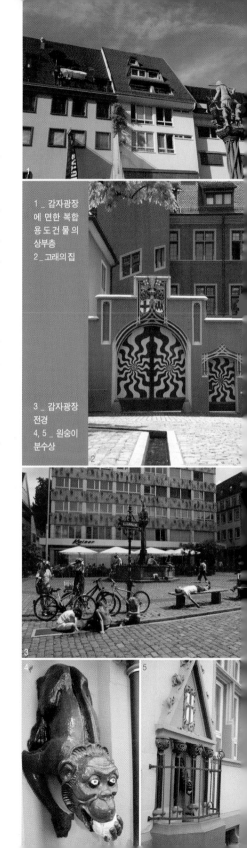

1 _ 감자광장에 면한 복합용도건물의 상부층
2 _ 고래의 집
3 _ 감자광장 전경
4, 5 _ 원숭이 분수상

를 타고 연못으로 흘러갔다가 마지막으로 베힐레로 흘러들어간다. 이 노란 색의 떫은 사과를 베어 먹고 있는 원숭이는 시민권을 받고도 세금을 내지 않고 있는 많은 사람들을 상징하고 있다고 한다.

■ 기타 소 광장들

이곳들 이외에도 보석처럼 빛나는 작은 장소들이 산재해 있다. 대학시설과 도심 간선수로변에 위치한 아델하우서 광장Adelhauser Kirchplatz은 아우구스티너 광장과는 전혀 다르게, 평온하고 목가적인 분위기를 제공한다. 이곳의 작은 교회는 단순한 인테리어와 아름다운 바로크 풍의 조각들을 보유하고 있다. 교회 마당의 크고 오래된 밤나무chestnut는 우리네 정자목과도 같이 광장을 덮고 있으며, 오래된 분수Gansemännle는 구도심의 고풍스러움을 더한다.

여름날의 아델하우서 광장

늦은 가을날의 아델하우서 광장

1, 2 _ 오버린덴
3 _ 오버린덴의 성모상
4 _ 프라이부르크 구시가지 내 주요 결절점인 오버린덴
5 _ 크리스마스 시즌을 앞두고 단장된 오버린덴 부근

구시가지의 중심적인 장소 중 한곳인 도시의 결절점結節點 오버린덴Oberlinden
은 오래된 구도심의 로맨틱한 정서를 잘 드러내고 있는 장소이다. 옛날 자유무
역을 실시하던 성읍도시 시절, 무역과 소통에 중요한 역할을 한 이곳에는 말발
굽을 갈아주는 여관들이 많이 있었다고 한다. 즉, 이곳은 슈발츠발트 쪽에서 프
라이부르크로 온 많은 시장사람들이 지내던 가장 오래된 정착지로서, 13세기
때부터 보리수를 의미하는 '린덴linden'이라는 단어가 등장해왔으며, 지금의 보
리수는 1729년에 심어진 것으로 알려져 있다. 분수의 둥근 원통과 꼭대기의 성
모상은 1730년에 만들어진 것이며, 분수의 수반은 1862년 개축되었고 2차 세계

1 _ 콜롬비 장원과 잔디밭
2 _ 봄이 오는 공원. 뒤의 포도밭을 배경으로 조형물이 보인다
3, 4 _ 콜롬비 공원의 여름 포도밭
5 _ 도로변에서 보이는 콜롬비공원

대전 때의 폭격으로 인해 많은 피해를 입어 수리, 복원되기도 하였다. 이곳 분수를 둘러싸고 있는 수령 약 280년의 나무 옆 벤치에 앉아서 프라이부르크의 동쪽 문 슈바벤토어Schwabentor를 바라보면서, 옛날의 도시 모습을 연상해 보기 좋은 장소이다.

### 구도심 주변환경

#### ■ 콜롬비 공원Colombi Park

프라이부르크 중앙역에서 구도심으로 진입하는 곳의 목전에 위치해 있는 콜롬비 공원 Colombi Park은 가로환경을 개선하고 도시를 장식하는 측면에서도 매우 긍정적인 역할을 수행한다. 과거 성읍도시 시절인 루드윅Ludiwig 14세 때 축조한 방호지인 이곳에는 콜롬비 슐로스 Colombi-Shlossle라는 이름의 장원莊園이 아름다운 자태를 자랑한다. 높지 않은 인공축산을 기반으로 1859년에서 1861년 사이에 건설된 영국 신고딕 스타일의 이 건물은 1983년부터 역사유적을 전시하는 박물관으로 변모되어 연중 전시체계를 갖추고 있다.

공원 내 빌라가 위치한 곳으로부터의 남측면에는 1700년대의 성읍도시 시절의 유산인 포도밭이 마지막까지 남아있어, 유럽에서 손꼽히는 질 좋은 와인의 생산지 프라이부르크

를 자연스럽게 홍보하고 있다. 다양한 품종의 포도들이 전시 생산되는 포도
밭과 트렐리스trellis처럼 생긴 그늘시렁 캐노피는 목가적이고 교육적인 환경
을 제공할 뿐만 아니라, 그 자체가 생산적인 경관이다. 날씨 좋은 날, 시민들
은 남의 눈을 의식하지 않고 잔디밭 나무그늘 아래 눕거나 앉아서 평화로운
휴식을 취한다.

■ 스태트가르텐Stadtgarten

 콜롬비 공원이 구도심의 입구로서의 성격을 갖는다면, 스태트가르텐
Stadtgarten은 구시가지의 배후에서 도시활동을 폭 넓게 지원한다. 우아하게
굽이친 형태의 보행교량 칼스텍Karlssteg이 안내하는 이곳 스태트가르텐에는

구도심과 연결되는 보행교량과 공원 입구

인접한 슐로스베르크Schlossberg 산을 연결하는 작은 유료 탐승열차 schlossbergbahn의 터미널이 위치해 있어 산을 오가는 사람들의 동선으로 분주하다.

　공원에 들어서 있는 주요시설로는 때때로 개최되는 콘서트를 위한 무대로서의 파빌리온pavilion과 넓게 개방된 잔디밭, 잘 가꾸어진 정원과 호수, 어린이놀이터와 공중화장실 등이 있다. 넓고 양지바른 잔디밭은 일광욕을 하면서 책을 읽는 학생들과 가족 단위의 여가를 즐기는 사람들, 풋볼 연습을 하는 젊은이 등 다양한 계층과 양태로 채워진다. 이곳은 특히 도시 탐방에 지친 관광객들이 공원 후면부에 위치한 정원을 감상하면서 쉬어가기 좋은 장소이다.

슐로스베르크 산을 배경으로 위치한 탐승시설

후면에 위치한 정원과 디테일

■ 슐로스베르크Schlossberg 전망대

  구도심 동쪽 슐로스베르크 산에 위치한 전망대로는 몇 개의 방향에서 접근할 수 있지만, 대개는 전술한 스태트가르텐에서 탐승열차schlossberg-bahn를 이용한 후, 이 산의 7부 능선쯤부터 약 20여 분간 산행을 통해 도착하는 것이 일반적이다. 이렇듯 산정부분까지 탐승열차

탐승열차인 슐로스베르크반
(schlossbergbahn)을 위한 안
내서와 티켓

를 개설하지 않은 이유는 과도한 집중으로 자연지형의 훼손을 방지하기 위한 조처가 아닐까 여겨진다. 산정을 오르는 길 역시, 계단은 발견할 수 없으며, 자연지형을 따라 개설된 지그재그형의 경사로가 대부분이다. 그래도 아이를 유모차에 태우고 이곳 전망대를 찾는 시민들도 있을 정도로 이용이 적지 않아, 훼손된 지형과 유실된 토양환경이 부분적으로 드러나고 있다.

  평탄하게 정지된 자연지반 위의 전망대는 건실한 여섯 개의 서양전나무fir 목재기둥을 구조로 별도의 기계장치 없이 나선형 철제 계단을 따라 약 30m 높이를 걸어 올라가는 형태로 만들어져 있다. 전망대로 향하는 하나하나의 계단마다 일련번호와 함께 이 시설을 만들 때 도움을 준 단체와 개인들의 이름이 새겨져서 기념되고 있으며, 정상부에는 30여명이 동시에 올라 전망을 즐길 수 있다.

시내에서 보이는 슐로스베르크 산

1, 2 _ 슐로스베르크 전망대
3, 4 _ 성읍도시의 흔적과 안내판
5 _ 나선형 계단의 디테일

구도심과 지적인 이곳은 과거 성읍도시
시절 전략적으로 매우 중요한 지역이었
다. 따라서 전망대 주변의 산책로를 따라
과거 성읍도시 시절에 존재하던 성벽의
흔적과 대포자리 등이 부분적으로 남아
있어 역사도시 프라이부르크를 알리는데
일조하고 있다.

슐로스베르크 산에 위치한 노르딕 휘트니스 파크 시설

한편, 도심과 인접하여 접근이 용이하고 지형조건이 다양한 슐로스베르크 산은 독일에서 처음으로 '노르딕 휘트니스 파크Nordic Fitness Park'가 조성된 곳이기도 하다. 신체근육의 90%를 사용하여 운동효과가 크고 전 연령층에게 권장되는 이 운동은 크로스컨트리 스키와 비슷하게 폴을 사용하여 걷는 운동이다. 이곳에는 난이도와 거리에 따라 청색(초보자용), 적색(중간), 검정색(상급자용)으로 나뉘는 4개 코스, 27km가 고유의 안내체계와 함께 시설되어 있으며, 국제 노르딕 워킹협회의 공인을 받았다.

정상부분의 노르딕 코스 겸용 산책로

■ 카노넨 광장Kanonen platz

카노넨 광장Kanonen platz은 구시가지의 동측 문 슈바벤토어 쪽에서 슐로스베르크 산을 오를 때 마주치게 되는 산지 내의 넓지 않은 마당이다. 과거 성읍도시 시절 축조된 성벽 위에 개방적으로 마련된 마당은 그 옛날 이곳에 '대포kanone'를 발사하던 포대가 있었음을 암시한다. 구도심 가까이에서 시가지 대부분을 전망할 수 있는 공간을 제공하며, 이곳에서 바라보이는 프라이부르크의 풍광이 매우 아름다워 시민들이 즐겨 찾는 장소 중 하나이다. 자

1_ 광장의 전경
2, 3_ 광장 가는 길목의 어린이놀이터
4_ 광장에서의 휴식

연지반으로 이루어진 광장에 아름드리 나무들이 하늘을 가리고 있으며, 이들이 제공하는 그늘 밑 벤치에서 한가로이 도시를 조망하는 사람들이 많다. 또한 이 광장의 바로 밑에는 미끄럼틀과 기어오르기 등의 놀이활동을 지원하는 자연 소재의 어린이놀이터도 입지해 있어, 가족 단위의 피크닉 장소로도 애용되고 있다.

이곳 광장 위에서 구도심 쪽의 방향으로는 뮌스터 대성당이 손에 잡힐 듯 다가와 있고, 길 따라 도열된 건축물들이 인형의 집들처럼 보인다. 다른 방향으로 눈을 돌려보면 사면부에 형성된 포도밭 아래 손가락 모양으로 펼쳐진 프라이부르크의 동측 시가지가 한눈에 들어온다. 계곡부에 형성되어 산지로 위요되어 있는 작은 마을들, 그 중심을 지나는 물길이자 바람길인 드라이잠 강과 녹지 등을 바라보면, 이 도시의 구조가 어느 정도 이해되기도 한다.

광장에서 조감한 프라이부르크의 동측편, 슐로스베르크의 포도밭 아래 중심부를 흐르는 드라이잠 강의 물길을 짐작할 수 있다.

### ■ 구도심의 대학 관련시설

프라이부르크는 대학도시이기도 한
까닭에, 대학 관련시설이 많은 비중을
차지하면서 도시공간에 활력을 제공
하고 있다. 대학교 시설 중 많은 부분
은 구도심 내부와 주변에 입지하고 있
으나, 일부 시설들은 도시 근교로까지
확산되어 있다. 이들 중 특히 인문학분
야의 대학시설은 구도심으로의 진입
관문에 넓은 녹지와 간선수로를 대동
하면서 입지하고 있다. 그리고 이곳 주
위로 프라이부르크의 중추적 문화공
간인 시립극장stadttheater과 도서관Uni
Biblothek 등이 경계 없이 소통하고 있어,
도시의 오픈스페이스로서의 기능을 맡
고 있기도 하다. 구도심의 일부인 대학
교 주변의 환경에서 넘쳐흐르는 젊은
이들의 활력은 프라이부르크의 분위기
를 밝게 만드는 원동력처럼 보인다.

도심부에 입지한 법과대학 주변의 환경

# ✤ 도심 근교의 장소들

## 도심 근교의 공간구조와 녹지환경

다음으로는 구도심과 조금 이격되어 있으나 시가지 내에 위치하며, 비교적 여유 있는 규모로 형성되어 있는 공원녹지 환경들을 살펴보도록 한다. 이들의 전체적 분포를 프라이부르크의 공간구조와 견주어 설명하면 대략 다음과 같다.

프라이부르크는 구도심 서측의 드라이잠 강 하류 쪽 평탄지를 중심으로 시가지가 확산되어온 까닭에 이 도시의 대규모 공원녹지요소들 역시 구도심 서측 방면에 폭넓게 분포해 있다. 대규모 휴양공간이면서 동물원 역할을 겸하는 문덴호프Mundenhof, 호수공원인 제팍Seepark, 부분적으로 재 조성된 에쉬홀츠파크Eschholz park, 최근 개발이 거의 완료된 이름난 생태주거단지인 리젤펠트Rieselfeld지역의 자연보호구역 등 많은 오픈스페이스가 구도심 서쪽에 분포해 있다. 반면, 흑림으로 둘러쌓인 도시의 다른 방향 쪽으로는 도시의 확산이 제한적일 수밖에 없어, 도시 내 오픈스페이스 요소를 상대적으로 찾기 어렵다. 이중에서도 특히 동쪽 편으로는 주변의 산세가 형성한 넓지 않은 계곡을 중심으로 협소한 시가지가 전개되어 있다. 따라서 구도심의 동측으로는 드라이잠Dreisam강변으로 선형의 오픈스페이스가 전개되면서 뫼슬레공원Möslepark과 그 반대편의 바데노바 체육시설단지 정도가 비교적 규모 있는 공원녹지 요소로서 분포하고 있다.

산지로 막혀 있는 구도심의 북쪽은 프라이부르크 대학이 관리하는 식물원과 그리 크지 않은 묘지공원 정도를 제외하고는 규모 있는 공원녹지 요소를 찾기 어려운 상황이고, 보봉Vauban생태주거단지가 입지한 남쪽 역시 흑림의 봉우리인 샤우인스란트Schauinsland 산 정도만을 그 대상으로 꼽아볼 수 있다. 이제부터는 프라이부르크 도심 근교지역 내에 다양한 양태로 산재해 있는 규모 있는 오픈스페이스 요소들을 구도심의 서쪽지역부터 살펴보고자 한다.

## 도심 서측의 오픈스페이스들

### ■ 호수공원 제팍Seepark

호수공원 안내판

'제see'는 독일어로, 바다 또는 큰 호수를 지칭한다. 약 35ha에 이르는 전체 공원면적 중 호수의 규모만 10ha에 달하는 제팍Seepark은 프라이부르크 서쪽의 거점 공원이다. 이 넓은 공원은 1986년 바덴뷔르템베르크Barden-Würtemberg 주의 정원박람회 때 만들어진 것으로, 박람회 기간 중 200만명 이상의 관람객이 다녀갔다. 인접한 주거단지와 경계 없이 열려있으며, 공원 중심부에 위치한 약 500석 규모의 커뮤니티센터 등 박람회 당시 환경의 많은 부분이 공원시설로 다시 활용되고 있다.

뱃놀이용 접안시설과 수변무대

공원의 명칭이기도 한 넓은 호수는 감상의 대상인 동시에, 다양한 행위가 수용되는 환경이다. 호수 한쪽 편에 마련된 접안시설을 이용해 뱃놀이가 행해지는 것은 물론이고, 더운 여름날 일부 시민들은 이 물에 몸을 담그면서 수영이나 일광욕을 즐기기도 한다. 접안시설 옆에 위치한 수변무대는 중소규모의 공연이 이루어지는 장소이며, 수변을 따라 산책과 조깅, 자전거 등 다양한 활동이 펼쳐진다.

호수변에서 물놀이하는 사람들

1 _ 마운딩 동산
2 _ 공원 중심부에 위치한 약 500석 규모의 커뮤니티센터

3, 4 _ 잔디밭에서의 휴식과 피크닉 활동
5, 6 _ 호수공원 전망대에서 내려다 본 전경

수 만 평에 달하는 잔디밭에서는 가족 단위의 피크닉이나 동호인들의 크고 작은 모임들이 이루어지고 있으며, 주말에는 바비큐 파티 등이 행해지기도 한다. 한편, 호숫가로는 마치 텔레토비 동산처럼 생긴 조형 마운딩mounding과 포도밭들, 트랙시설이 부설된 대규모 축구장 등이 변화 있게 들어서 있어, 다양한 계층을 모두 고려하고 있음을 보여준다.

상기의 것들이 많은 면적을 차지하는 시설인 반면, 작지만 사랑받는 공원시설들이 있다. 유료로 운영되는 유희시설인 미니골프게임장, 넓은 잔디밭 가운데 위치한 '비오가르텐Biogarten', 일본정원 등이 바로 그것이다. 이중 미니골프게임장은 나무판으로 만든 코스에 설치된 다양한 장애물을 피하거나 이용해 공을 홀 속에 집어넣는 게임용 시설이다. 1개의 퍼터putter만을 가지고 게임을 하는데, 기발한 형태의 18개 코스를 따라가며 점수를 메모하는 사람들의 웃음소리가 곳곳에서 만발한다.

공원 내 오락시설인 미니골프

일본정원은 1989년 프라이부르크와 자매결연을 맺은 일본의 작은 도시 마쯔야마松山의 기념공간으로, 1990년 약 3,600㎡의 규모로 조성되었다. 계류를 따라 산책을 유도하는 일본의 전통적인 정원양식이 다양한 석물과 포장, 식재환경 등을 통해 비교적 완성도 있게 구사되어 있다. 이와 더불어 제꽐 호수공원의 주진입부에도 일본풍의 진입환경이 위풍당당하게 자리하고 있어, 이 지역에 거주하거나 방문하는 일본인들을 한껏 고무시킨다.

이 호수공원 내 시설 중 영어의 '에코 스테이션eco-station'을 의미하는 '외코 스타치온Ökostation'이라는 건물은 박람회 당시 생태문화관으로 개원한 50여 평 규모의 크지 않은 시설이다. 천연목재를 활용한 건축구조와 폐지를 점토반죽

1_호수공원 내 일본정원 안내판
2_일본정원 입구
3_호수공원 입구의 분위기
4, 5_일본정원 내부 환경

외코스타치온

비오가르텐

한 단열재는 생태건축이 지향하는 이미지를 잘 드러낸다. 자연채광이 들어올 수 있도록 천장 중앙에 밝은 창이 나있으며, 6각형 통나무 건물의 주변은 대부분 흙으로 덮여 있다. 특히 북측 벽면은 단열을 위해 전부 흙으로 덮은 반면, 남쪽으로 면한 부분에 태양열 온수장치와 유리, 솔라패널 등이 시설되어 있다. 환경단체에 의해 현재 환경센터로 운영되는 이곳에서는 다양한 환경교육 프로그램이 진행된다. 쓰레기 분리수거, 숲 체험, 나무 의자와 수공예품 만들기 등은 가족단위를 대상으로 한 활동이며, 어린이와 학생을 겨냥하여서는 동식물 관찰, 야채와 꽃 재배, 새집 만들기 등 다양한 현장실습과 강좌가 개설되어 있다. 이 시설과 근접하여 '비오가르텐Biogarten' 이라는 생태정원이 경관 감상과 실습, 그리고 교육용 시설로 위치해 있어 그 효용성이 배가되고 있다.

이러한 시설들은 숲을 가로지르는 자전거길, 포플러가 아름다운 조깅로와 산책로, 기초 없이 부력에 의해 떠있는 보행교량 등을 통해 유기적으로 연결된다. 그리고 산책로의 중간 거점부에는 통나무로 만든 전망대와 석조 가제보gazebo 시설 등이 위치해 있어 휴식처와 점경물의 기능을 만족시키고 있

1, 2, 3 _ 호수공원의
전망시설들
4, 5 _ 부교길

다. 여기에 더하여 공원 중심부에 축산mounding과 함께 위치한 대형 전망대에 오르면, 이곳 공원뿐만 아니라 인근 시가지가 광활하게 전개되어 보는 이의 눈을 시원하게 한다.

6 _ 포플러 산책길
7 _ 호수공원의 입구길
8 _ 공원 내 자전거도로

■ 문덴호프Mundenhof

프라이부르크 서쪽에 위치한 38ha의 부지에 1968년 개
원한 문덴호프Mundenhof는 시 산림국이 관리하는 시 소유
의 동물원이자 자연 교육센터로서, 시민들에게 무료로 개
방되고 있다. 이곳 농장의 동물들은 권역별로 넓은 초원에
방목되면서 생태원칙에 따라 운영된다. 현재 이곳에서는
학생들의 교육과 시민의 여가를 지원하기 위한 많은 프로
그램이 연중으로 가동되고 있다. 그 중 1991년부터 시작
되었고, '어린이들과 동물의 만남'을 의미하는 '콩티키

문덴호프 안내 팜플렛

KonTiKi(Contact-Animal-Child)'라는 프로그램은 특히 매우 인기리에 운영되고 있다
고 한다. 프라이부르크의 어린이와 청소년들은 이러한 프로그램이 제공하는 즐

1,2_문덴호프의 입구 안내판 및 지표시설
3_연중행사 안내판

거운 체험을 통해 가축들의 생태와 사육방법, 자연과 환경보호 등에 관한 유익한 지식을 습득하고 있다.

이렇듯 여가와 환경교육의 장을 겸하는 문덴호프에는 매우 독특한 조형물들이 여럿 있어 눈길을 끌고 있다. 프라이부르크를 기반으로 자연소재인 나무를 사용하여 조각작품을 만들고 있는 토마스 리Thomas Rees라는 작가의 작품들이 그것이다. 나무를

아시아정원

나무를 활용한 조각물

지칭하는 '바움Baum'과 세상의 만상을 일컫는 '웰트welt'라는 단어가 결합된 '나무를 이용한 다양한 조각작품Baumwelt skulptur'들은 드넓은 이곳의 대지여건과 평화로운 동물들, 그리고 목가적인 경관과 매우 잘 어울리고 있다.

여기에 더하여 이곳을 방문하는 아이들에게 호기심을 불러일으키는 미로형 놀이시설 및 친환경놀이시설과 식당 등의 편의시설, 그리고 수족관 등의 교육시설이 운영되고 있다. 프라이부르크의 국제도시로서의 성격을 반영하려는 듯, 아시아 권역 내 대나무정원과 중국풍의 정자 등을 근래에 새로이 조성함으로써 도시민의 여가와 휴양활동을 보강하기도 하였다.

1, 2, 3 _ 넓은 초지에 자유롭게 방목되어 관리
되고 있는 동물들
4, 5 _ 동물의 관람과 교육

6, 7, 8 _ 미로형 놀
이시설
9 _ 내부 산책로

### ■ 에쉬홀츠파크Eschholz Park

공원 내 조각

포도나무 그늘시렁의 디테일

또 다른 근린공원인 에쉬홀
츠파크Eschholz Park는 프라이부
르크 중앙역에서 트램tram으로
두 정거장 거리에 위치한다. 도
심에서 그리 멀리 떨어지지 않
은 이 공원의 경계부 쪽으로는
순환 조깅로가 시설되어 있으
며, 그 내부 쪽으로는 구기용 운
동장 시설이 입지해 있다. 아울
러 군데군데에는 친환경적 목
재로 만든 어린이놀이시설과
작은 휴게시설 등이 들어서 있
어 우리의 근린공원 분위기가
그대로 전해진다. 특히 굵게 자
란 포도나무의 덩굴이 올려진

그늘시렁이 산책로를 따라 늘어서 있어, 공원의 연륜을 짐작케 하면서 한여름에
도 쾌적한 분위기를 제공한다. 이 공원에 당당하게 서있는 10m 높이의 밝은 적색
의 조형물은 정원의 수도시설garden hose을 의미하는 '가르텐쉴라흐Gartenschlauch' 란
명칭의 오브제로, 1983년 공원 리노베이션 당시 새로이 시설한 것이다.

## 기타 도심 근교의 녹지환경

### ■ 뫼슬레 공원Möslepark

이 공원은 도심 동쪽 리튼바일러Littenweiler 지역에 위치한 도심 근교의 거점공
원이다. 공원의 규모가 워낙 커서 동쪽에서 서쪽 방향으로 묘지공원, 스포츠 콤

플렉스와 캠핑장camping-platz, 어린이교통공원kinder-verhersschule 등의 환경들이 차례대로 위치하고 있다. 프라이부르크 시가지를 압박하고 있는 양상으로 펼쳐진 흑림에 의해 깨끗한 청정환경이 유지되고 있는 이 지역에는 탁 트인 잔디밭과 아름드리 나무가 빼곡하게 들어 선 평탄지의 넓은 숲이 공존하고 있어 도심 근교 여가활동에도 제격이다.

묘지공원의 구획된 블록을 따라 길가를 향해 도열해 있는 무덤들은 이곳 도시의 테두리 블록에서 건물들이 입지하는 방식과 닮아있다. 그리고 묘지마다 개성 있는 석물들과 꽃 장식을 통하여 각자의 영혼을 기억하는 장식들은 묘지 하나하나가 작은 정원처럼 느껴지게도 한다. 시민들은 아무 거리낌 없이 이곳을 찾아 휴식을 취하고 재충전한다. 이들의 삶의 방식을 여과 없이 드러내는 이러한 모습들은 삶과 죽음의 관념을 다시 생각해 보게 한다.

1_묘지공원
2_넓은 잔디광장
3_캠핑장
4_아름드리 나무가 가득한 숲속 길

스포츠 콤플렉스시설

　이곳에서 북쪽으로 멀지 않은 곳에 프로축구팀 SC프라이부르크가 홈구장으로 사용하는 바데노바 경기장Badenova Stadion 관련시설이 위치하고 있음에도 불구하고, 이곳의 스포츠 시설 역시 완결적인 단지를 구성하고 있다. 대규모 관중석을 보유하여 정규 경기를 수용할 수 있는 스타디움뿐만 아니라 천연잔디로 이루어진 간이 연습장 시설들, 테니스 관련시설 등을 두루 갖추고 있어 다양한 스포츠 관련활동을 가능케 하고 있다. 반면, 이곳과 연접해 있는 캠핑장은 도심과 가까운 청정환경을 만끽하기 위해 찾아온 유럽 각국의 방문객에게 도시 속의 자연을 제공한다.

어린이교통공원

발트제의 비오톱 안내시설

　숲속에 위치한 어린이교통공원은 이곳의 아이들이 도시의 교통환경을 체험 학습하며, 나아가 자전거 면허시험 등을 치르기도 하는 교육적 환경이다. 이 교통시설과 인접한 숲속의 호수 발트제Waldsee는 산림 및 수 생태환경을 학습할 수 있는 소중한 비오톱biotope환경으로, 어린이와 청소년들을 맞이하고 있다.

■ 도심 동쪽의 대학시설

도심 동쪽의 휠레Wiehre와 리튼바일러Littenweiler 지역 사이 스타트할레Stadthalle에는 프라이부르크의 그 유명한 음악대학이 대학도서관 등과 어울려 입지하고 있다. 드라이잠 강가 쪽에 평온한 모습으로 들어서 있는 음악대학의 입구공간에는 '듣는 행위'와 '교감'을 주제로 한 일련의 환경조각들이 장소의 분위기를 전하고 있으며, 바로 옆으로는 작은 계류와 연못, 조그마한 야외무대들이 어울려 조화를 이루고 있다. 이곳의 아늑한 환경에서 피어나는 피아노와 바이올린 등의 음색을 따라가다 보면 어느새 강변에 다다른다. 아울러 도심에서 동쪽으로 더욱 벗어난 뫼슬레 공원 근처의 리튼바일러 지역에도 일련의 대학시설과 기숙사들이 입지하고 있어 대학도시로서의 면모를 여실히 보여준다.

1, 2 _ 스타트할
레 근처 대학도
서관 주변 환경
3 _ 도서관 길 건
너 음악대학의
입구조각과 주변
환경

1, 2 _ 입구와 입구정
원, 전시온실
3 _ 버드나무 휴게소
4, 5 _ 식물원 배치도와
배치 모형 안내시설
6 _ 식물원에서 휴식하
는 시민들

■ 식물원Botanicher Garten

프라이부르크의 도심 북쪽지역에는 바이오 관련시설들이 밀집하고 있어 Bio-Tech Park 또는 Bio-valley라고 지칭되기도 한다. 이 지역의 거점 오픈스페이스이자, 식물학분야의 연구를 지원하는 식물원Botanicher Garten이 하우프트 스트라세 Hauptstraβe쪽에 위치하고 있다. 이 시설은 프라이부르크 대학 및 관련연구소의 실험실습용 시설을 겸하면서도, 일반 시민들에게 개방되는 전 방위적 시설환경이다. 즉, 식물원 내 별도의 연구시설들이 충실하게 위치하고 있어 이곳과 멀지 않은 테네바허Tennenbacher 거리에 위치한 프라이부르크 대학의 산림관련학과를 지원하기도 한다.

다양한 유형의 정원

식물원의 입구 쪽에는 양치식물과 선인장 등 거대한 열대식물이 들어선 전시온실이 인상적이며 초입부분에 재배온실과 식수화단 등이 위치한다. 주입구에서 후면 쪽으로 조금 들어간 곳에는 원형의 작고 아름다운 주제정원들이 연속되고 있는데, 이는 변화감 있는 작은 계곡과 구릉으로 형성된 지형 조건과 생태 특성을 감안하여 식물군들을 계통발생학적으로 전시하고 있는 주제정원들이다. 또한 아담한 규모의 저수지를 배경으로 포도원과 잔디밭이 펼쳐져 있으며, 후면의 깊은 곳에는 '관상의 숲'이 전개되고 있다.

한편, 공원 내 점경물인 동시에 기념물이며, 휴식공간으로 기능하는 환경이 눈길을 끈다. 즉 슈투트가르트 식물원과의 유대를 기념하여 2007년 5월 살아 있는 버드나무로 직조한 아름다운 휴게공간이 그것이다. 인근 주민들은 이곳에서 꽃과 나무를 즐기며, 한가로이 쉬거나 가족나들이를 즐기곤 한다.

■ 드라이잠Dreisam 강

이 도시에서 시민들의 사랑을 받는 오픈스페이스 요소로 드라이잠Dreisam 강의 풀밭을 언급하지 않을 수 없다. 드라이잠 강은 슈바르츠발트에서 발원한 물이 프라이부르크를 관통하여 라인Rhein강 골짜기로 흘러들어가기까지의 수계이다. 태양빛을 즐기는 프라이부르크의 시민들은 강가 풀밭을 찾아 강물이 굽

드라이잠 강가의 휴식

1, 3 _ 드라이잠 강변의 겨울철새
2 _ 드라이잠 강가에서 개를 훈련시키는 아가씨
4 _ 강가의 녹음
5 _ 도심 외곽지역 강가의 자전거도로

이처 흐르는 소리를 들으며 한가롭게 누워있거나, 맥주나 와인을 마시기도 한다. 규모는 작으나 우리의 한강처럼 도시를 동서로 관통하는 이 오픈스페이스는 이격되어 있는 공원녹지들을 연계하는 선형 녹지축으로 기능하며, 잘 정비된 자전거 길을 보유하고 있다. 이곳에서 그들의 애완견을 데리고 산책하며 이를 훈련시키는 아가씨, 노부부가 손을 꼭 잡고 걸어가는 모습, 건강단련을 위해 하염없이 달리는 아저씨 등 스쳐지나가는 시민들을 보는 재미도 쏠쏠하다.

## ■ 샤우인스란트Schauinsland 산

샤우인스란트 케이블카 티켓

프라이부르크의 주산主山이라고 할 수 있는 샤우인스란트Schauinsland는 시민과 관광객 모두가 즐겨 찾는 산이다. 산 밑에서 폐쇄형 케이블 카Schauinslandbahn를 타고 3.6km의 거리를 오르면서 발아래 전개되는 흑림의 풍광을 약 20여 분간 만끽 하다보면, 어느새 샤우인스란트의 정상터미널에 다다른다. 독일에서 가장 긴 이 케이블카 구간의 종점에는 전망레스토랑, 유아용 놀이시설, 휴게 및 편익시설 등이 구비되어 있다. 그러나 보다 좋은 전망 을 만끽하려면, 케이블카의 하산지점에서 10여분 이상이 소요되는 가벼운 등반이 필요하다. 산 정상을 향하여 도 보로 이동하는 동안 이곳의 아름다운 풍광과 자생환경을 소개하는 안내판들을 만날 수 있으나, 해발고도에 의해 도시보다 6~8도 정도 낮은 기온을 감수해야 한다.

해발 1,284m 높이의 산 정상부에는 프라이부르크 도심 내 슐로스베르크의 시설과 닮은 샤우인스란트 전망대가 위용을 자랑하고 있다. 모험과 스릴을 즐기는 젊은이들은 산악자전거를 이용하여 이곳 전망대 부분에서 시가지까지 하강을 시도하기도 하며, 노르딕 워킹Nordic Walking을 즐기 는 사람들도 많이 눈에 띈다. 날씨 좋은 날, 이곳 전망대에 서는 프라이부르크의 시가지와 라인Rhein 강 계곡, 그리고 심지어 다른 도시의 일부지역까지도 굽어볼 수 있다.

1, 2 _ 정상부의 전망대
3 _ 정상부에서 내려다 본
부감경관
4 _ 케이블카와 부감경관
5 _ 주변 자연환경에 대한
교육용 안내시설
6, 7 _ 전망대로 향하는 길
의 풍광
8 _ 정상부에서부터 산악
자전거를 즐기는 젊은이

## ✤ 도시 외곽지역

### 도시 외곽지역과 흑림의 마을

프라이부르크 도심과 호쉬슈바르츠발트 (Hochschwarzward) 지역의 입지관계. 도면 왼쪽 끝 부분이 도심이며, 드라이잠탈이라고 지칭되는 동축 골짜기를 따라 마을들이 분포한다(자료출처: Hochschwarzward Fahrplan, 2009).

흑림지역의 주요 마을들

구도심과 생태주거단지 등이 프라이부르크에서 특별한 지역이기는 하나, 이들만을 살펴보고 나서 이 도시를 온전히 이해했다고 하기에는 무리가 있어 보인다. 왜냐하면 프라이부르크 행정구역에 엄연히 포함되는 도시외곽 쪽에도 또 다른 특징으로 주목받는 마을들이 엄연히 존재하기 때문이다. 도시의 개괄부분에서도 잠깐 살펴보았지만, 프라이부르크 도심에서 사방으로 펼쳐져 있는 외곽의 마을들은 여가와 레저, 휴양활동의 중심지를 이룬다.

라인 강 쪽의 평원을 제외한 흑림지대는 대개 해발 약 600m에서 1000m 정도 사이에 분포하며, 약 850m 깊이에서 45도 온도의 온천이 흐르는 것으로 알려져 있다. 이 흑림 슈바르츠발트에 포근히 감싸여있는 산간마을들 중, 가장 주목할 만한 지역을 꼽으라면 아무래도 '흑림의 높은 쪽'이라는 의미의 호쉬슈바르츠발트 Hochschwarzward 지역을 지목해야하지 않을까 싶다. 프라이부르크를 관통하는 드라이잠Dreisam 강 상류의 청정환경을 이루는 이 지역은 해발 1,493m의 펠트베르크Feldberg를 정점으로 산재된 10여개의 마을들이 아름다운 경치와 건강한 공기를 자랑하고 있다. 그러나 프라이부르크를 둘러보는 많은 경우에 있어, 산재해 있는 마을의 분포와 덜 알려진 정보, 그리고 무엇보다도 시간적·경제적 여유의 부족 등으로 인해 이들 지역을 돌아보기 어려운 것도 사실이다.

필자는 1년의 연구년 기간 동안, 운 좋게도 이런 산골마을 중 하나인 힌터차르텐Hinterzarten에서 머물러왔다. 19세기 중반 이래, 크게 변하지 않은 환경을 보유하고 있는 이들 지역은 도시와는 또 다른 공동체로서, 색다른 느낌과 특징을 제공한다. 이에 필자가 경험한 도시외곽의 일부 마을환경을 중심으로 흑림 속의 생활공간들을 다시 반추해보고자 한다.

## 힌터차르텐Hinterzarten

### ■ 입지와 기후

연구년 기간동안 필자가 거처한 힌터차르텐 Hinterzarten은 프라이부르크 시내에서 기차로만 약 35분 정도 소요되는 산골마을로서, 인근의 브라이트나우Breitnau라는 마을과 결합되어 하나의 행정단

힌터차르텐 브라이트나우 마을의 로고
(자료출처: Hinterzarten Breitnau 홈페이지)

위를 이루고 있다. 이곳의 시민들은 대개 프라이부르크 중앙역까지 30분 간격으로 운행하는 기차를 이용해 도심과 소통한다. 거의 정확하게 지켜지고 있는 기차의 운행시간은 이곳의 생활을 지탱하는 수단 중의 하나이다. 이 기차노선은 1887년 관광객을 위해 건설된 것이라고 한다.

이곳 지명에서 '뒤' 또는 '후면'을 지칭하는 접두어 '힌터hinter'가 제공하는 어감은 흑림에 기대어 있는 이곳의 이미지와 잘 부합되어 보였다. 하긴, 프라이부르크 시내에서 이곳으로 접근할 때의 바로 직전 정거장 이름이 '천국'을 의미하는 '히멜라히Himmelreigh'라는 것을 알게 되고도 그 또한 어울리는 지명이라고 느꼈었다. 광활한 초원에서 여유롭게 풀을 뜯고 있는 젖소들, 그 배경을 이루는 시원한 녹지와 울창하게 검은 숲, 점점이 흩어져있는 아름다운 집들……. 그런데 힌터차르텐은 '천국'이라는 이곳에서도 약 15분 동안 기차를 타고 흑림 더욱 깊숙이 들어가야 다다를 수 있었다. 이러한 이동과정에서 드라

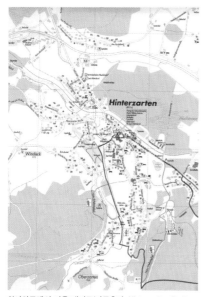
힌터차르텐의 마을 배치도(자료출처: Hinterzarten Breitnau Tourismus GmbH, Ortsplan(1:5,000))

이잠탈Dreisamtal로 불리는 깊고 아름다운 강의 계곡은 수 개의 터널들을 통과하면서도 계속 이어져만 갔다.

자료를 찾아보니 이곳은 1148년경에 형성된 유서 깊은 마을이었다. 당시 이 마을의 명칭은 큰 길 건너 마을인 '브라이트나우Breitnau'를 도로 앞쪽in the front of the street을 의미하는 '보어데 스트라세Vor der Straβe'라고 부른 것처럼, 도로 뒤쪽behind the street을 의미하는 '힌터데 스트라세Hinter der Straβe'로 지칭해왔다고 한다. 그러던 것이 1708년에서 1750년 사이, 이곳에 위치한 작은 개울 '차르텐바흐Zartenbach'의 영향으로 지금의 이름으로 변경된 것이라고 한다.

이곳 힌터차르텐은 해발 높이 약 885m의 흑림 언저리 지역이다. 프라이부르크 시내 뮌스터 광장의 해발고가 278m인 것과 비교해 도심과 600m 이상의 표고차가 나는 관계로 기후 여건이 많이 다를 수밖에 없다. 이곳의 겨울은 눈이 자주, 그리고 많이 내리는 편이다. 큰길의 눈은 해당기관이 장비를 동원하여 서둘러 치워주지만, 자신의 집 마당에서 혹여 다른 사람이 미끄러져 다치기라도 하면, 이는 치우지 않은 사람의 책임이라

제설재 보관 벤치

건물 추녀마루의 물 빠짐 시설

고 한다. 눈이 많은 지역답게, 길가에는 미끄러움을 완화하는 데 사용하는 천
연재료 보관함이 벤치형태의 시설물로 놓여 있다. 잘게 부순 쇄석을 보관하
는 이 시설은 염화칼슘계통의 유기화학제를 제설재로 사용하지 않는 이곳의
친환경성을 드러낸다. 한편, 높은 물매의 경사지붕이 인상적인 집들의 추녀
마루와 물받이 부분에는 눈과 비를 지하수위로 쉽게 도달시키기 위한 천연
배수시설들이 설치되어 있다.

　이곳 집들의 창문에는 방충망이 전혀 없다. 숲이 무척 우거져 있고, 살충제 사
용도 금지되어 있다고 들어서 여름철에 벌레들과 어떻게 지낼까 우려하였지만,
그것은 기우에 불과하였다. 다소 과장하면, 이곳의 여름은 시원하다 못해 추웠
다. 짧은 소매의 옷을 입었던 기억이 별로 없으며, 솜이불을 덮고 잠을 청해야
했을 정도여서 모기라는 곤충을 만날 일이 전혀 없었다. 이는 해발 885m에 위
치한 이 마을의 입지와 기후여건에 의한 것일 테지만, 여름철 프라이부르크 시
내에서도 모기를 접할 수가 없었는데, 이유가 아직까지 자못 궁금하다.

눈 덮인 힌터차르텐 전경

가을날 마을의 전경

이곳의 해발고도와 입지, 그리고 기후여건은 이 지역을 휴양형 친환경 레저 마을로 성장시켜 왔다. 즉, 이곳 마을은 1964년부터 공식적으로 '기후 치유 리조트climatic healing resort(독어명 Heiklimatischer Kurot)' 로 지정 관리되고 있다. 또한, 1923년 '스키클럽 힌터차르텐' 이 설립된 이래, 스키활동과 관련된 인프라가 확충되어온 까닭에, 겨울스포츠의 메카를 이룬다. 뿐만 아니라, 심신의 장애가 있는 사람들을 위한 휴양형 호텔과 의료시설, 별장 등이 입지해 있는 휴양타운이기도 하다. 따라서 이곳 주민구성 중 노인계층이 비교적 많은 편이며, 다양한 관광객이 철따라 찾아들고 있다.

■ 마을 입구의 환경

힌터차르텐 역을 빠져 나와서 보면, 이 마을의 간선도로 결절부에 하늘 높게 설치된 나무기둥이 주목을 끈다. 프랑스로부터 유래되었다는 이 지표물landmark은 이 작은 마을 이곳저곳의 위치 안내기능을 부분적으로 담당하면서 이곳의 인상을 밝게 한다. 그러다가 크리스마스 시즌에는 당연하게도 이 지역에서 생산된 크리스마스 트리로 대체된다.

2006년 독일 월드컵 기간 중 이곳 힌터차르텐에는 네덜란드 축구선수들이 머물렀다고 한다. 이를 기념하기 위해 기차역 앞 공터에는 그들이 모여 기념사진을 찍었던 통나무 벤치가 자랑스럽게 위치하고 있다. 이곳 슈바르츠발트의 키 큰 침엽수를 다듬어서 만든 수직, 수평의 단순한 조형요소들은 이 마을의 작지만 소중한 기억들을 환원시켜주는 매개체이다. 거창하지는 않지만, 이러한 모습들이 쌓여 마을과 도시의 역사가 이루어지는 것이 아닐까 싶다.

기차역에서 얼마 떨어지지 않은 곳에는 인포메이션센터가 위치하고 있다. 외지인이 마을에 대한 정보를 구하는 이곳은 지역주민에게도 휴식과 정보,

1,2_우리의 당간지주처럼 기능하는 지표물
3_월드컵 기념벤치

친교의 장으로 열려
있다. 더 나아가 주민
들을 위한 음악회와
동호인 모임이 열릴
때, 이곳과 앞마당은
주민 축제의 마당으
로 변모한다. 또한 이
곳 실내공간의 일부
와 앞마당은 기념할
만한 삶을 살다간 그
들의 이웃을 기리는
공간이기도 하다. 예
를 들어 이 지역의 발
전을 위한 노력으로
이곳의 명예시민으
로 헌정되었으나, 이
제는 돌아가신 어느

1 _ 인포메이션센터에
서의 음악회

2, 3, 4 _ 어느 대학 교수
를 기억하는 환경들

대학 교수를 위한 초석은 보는 이로 하여금 삶의 의미를 다시 생각게 하면서
옷깃을 여미게 한다.

■ 마을 중심의 환경

유럽의 여느 지역과 마찬가지로, 이 마을의 중심부 역시 성당과 교회라는 종
교시설이 위치해 있다. 그들의 문화와 분리할 수 없는 이들 시설은 종교적 중
심이면서 사회 교류가 이루어지는 핵심적 장소이다. 이러한 까닭에 주민들의
친교와 마을 번영을 위한 바자회가 열릴 때, 마을 전체에 활기가 넘친다. 사철

다른 꽃들로 치장되어온 성당 앞마당 작은 정원은 결혼식이 열리기라도 할 때
에 더욱 돋보이며, 바자회 때에는 떠들썩한 흥정과 웃음소리로 가득 채워진
다. 한편, 교회의 전면에 위치한 작은 광장에는 아름다운 모습의 종탑이 위치
하고 있으며, 주말과 휴일에 아름다운 종소리가 울려 퍼진다.

마을의 중심적 위치를 차지하는 성당 주변에서는 특징적 환경이 발견된다.
마치 미국 개척시기의 커먼common과 유사하게 별다른 기능이 부여되지 않은
채 비워져 있는 대규모 공지가 그것으로, 이 초원은 그저 '성당의 풀밭' 이라

성당 앞 대규모 공지, 키어쉬비제

는 의미의 '키어쉬비제kirchwiese'로 지칭되고 있다. 한 겨울동안 눈으로 덮여있던 이곳에 봄부터 잔디와 함께 이름 모를 풀꽃들이 자라다가 어느새 사람 키 정도까지 무성하게 되면, 누군가에 의해 말끔히 베어지곤 했다. 이곳을 지날 때 풀들이 무성했던 어제의 모습이 새삼 그리웠으나, 농약 냄새가 전혀 묻어나지 않는 풋풋한 풀 향기 역시 정말 그윽하기도 하였다.

이곳에 살며 수시로 지나다니면서 이 장소에 특별한 용도가 들어서는 것을 본 적이 없다. 다만, 어느 여름날 이곳과 인접한 교회와 성당 그리고 이들을 잇는 가로 상에서 마을 축제가 열렸을 때, 어린이들을 태우고 이곳 녹지를 한 바퀴 도는 조랑말들과 주변의 흑림을 누비는 농기구와 자재들을 전시하였던 것이 거의 전부였던 것 같다. 별다른 기능 없이 늘 비워져있는 마을의 중심, 풀꽃 향기 그득한 이곳은 이곳 산간마을의 여유와 풍요로움 자체를 대면할 수 있는 환경이다.

이 동네에도 몇 개의 학교가 있다. 그 중 초등학교 앞마당에서는 매주 금요일 아침마다 인근의 농부들이 스스로 생산한 싱싱한 야채와 과일은 물론이고 빵과 치즈, 과실주, 쨈 등의 먹거리들을 직접 판매하는 상설시장이 개최되곤

마을 축제 때 마을 중심의 초원에 담겨지는 행위들

학교 앞 마당에서 벌어지는 금요 마을시장

하였다. 흥미로운 것은 근처의 학생들이 이들 사이에서 무엇인가를 취재하면서, 상인과 구매자에게 설문을 요청하는 등 그야말로 현장학습도 수시로 병행되곤 하였다. 학교 앞 마당이 그야말로 '사람 사는 세상'에서의 일이 다반사로 벌어지는 활기 가득한 장소로서 활용되는 경우였다.

■ 마을길과 축제

이곳의 마을길도 프라이부르크 시내와 마찬가지로 시속 30km의 속도제한을 받고 있다. 그러나 흑림을 오르내리는 자전거와 하이킹객의 통행이 빈번하여 자동차 스스로 속도를 억제할 수밖에 없는 상황이다. 가끔 주요 도로의 노선 상으로 관광객을 실은 마차가 다니기도 하고, 어떤 날에는 승마 동호인으로 보이는 단체에 의해 마을길이 점령되기도 한다.

마을의 간선도로와 인근 산림 내 도로망을 이용해 해마다 산악자전거 경기대회가 축제처럼 열린다. 즉, 흑림의 산악지대를 누비는 '울트라 자전거 마라톤ultra bike marathon' 행사는 키헤르차르텐Kirchzarten이라는 마을을 중심으로 개최되고 있으나, 이 작은 마을에서도 소구간의 출발이 이루어지는 중요한 이벤트 행사이다. 그야말로 극한의 전천후 자전거 인을 뽑으려는 이 행사는

1_관광객을 실은 마차
2_승마클럽의 마을길 나들이
3, 4, 5_마을의 가로경관
6, 7_울트라 자전거 마라톤 경기대회

'경기'의 의미도 분명히 있지만, 그것보다는 '즐기기 위해' 참여하는 사람들
도 많이 있어 보였다. 남녀노소 구별이 없었으며, 심지어 2인용 자전거로 동
료애를 과시하는 낭만족들도 여럿 눈에 띄었다. 이때 마을의 주요도로는 거

의 하루 종일 통제되었으며, 무수히 많은 자전거들이 숨 가쁘게 마을과 숲속의 도로를 오고가고 했다. 마을은 온통 이들이 발산하는 젊은 에너지로 종일토록 떠들썩하였다.

■ 겨울스포츠 관련시설

이곳은 눈이 많이 내리고 오랫동안 녹지 않아 옛날부터 유명한 스키선수들이 많이 배출된 곳이다. 특히 1960년대를 풍미한 이곳 출신의 스키선수인 토마Georg Toma는 이곳 주민이 특별히 기리는 인물이다. 마을 중심에 위치한 인포메이션센터에는 그의 생애를 요약하면서 유품을 전시한 공간이 자리하고 있을 뿐만 아니라, 그의 이름을 딴 호텔과 상점들이 여기저기에 들어서 있다.

인포메이션센터 내부의 전시시설

한편, 이 마을에서는 흑림지역에서 사용된 초기의 장비 등을 유품과 영상자료를 통해 상설 전시하면서, 스키의 유래와 기술 등을 소개하는 별도의 스키뮤지엄skimuseum이 1997년부터 운영되고 있다. 스키를 사랑하는 이들의 열정이 전해지는 이곳에서는 결혼식 이후 사교파티 등의 모임이 벌어지기도 한다. 아울러 외곽 간선도로로부터의 마을

마을 및 스키관련행사 안내시설

스키뮤지움

1_ 근경의 성당과 멀리 보이는 스키스타디온
2, 3_ 스키스타디온 시설
4_ 비수기 스키스타디온에서 행해지는 스키점프 연습

진입부분에는 2010년 이곳에서 열릴 세계주니어선수권 대회 등을 홍보하는
안내시설이 마을안내도와 함께 관광객을 맞이하고 있다.

힌터차르텐에는 스키를 위한 인프라가 잘 갖추어져 있다. 스키장의 슬로프는
물론이고 고난이도의 스키 점프대와 관중석이 복합된 아들러 스키스타디온Adler
Skistadion이 들어서 있기도 하다. 1924년 최초로 건설되었던 이 시설은 오늘날 난
이도가 각기 다른 4개의 스키점핑 콤플렉스로 구성되어 있으며 겨울철 경기와
연습을 수용하기도 하지만, 여름철에도 행사가 개최된다. 이곳 스키점프대에서
8월초에 열리는 FIS 그랑프리는 세계적 토너먼트 중 하나로 꼽히는 큰 대회이다.

우리나라에서는 스키장의 슬로프를 찾아 활강하는 것이 스키를 즐기는 거의
유일한 방법이나, 이곳에서는 긴 스키를 타고 걷듯 달리며 자연탐승을 하는

'랑라우프Langlauf' 라고 하는 크로스컨트리 방식의 스키활동이 매우 활발하다. 이곳 지역에 이 스키활동을 위해 구비되어 있는 노선만도 약 100km에 달하며, 안전사고의 방지를 위해 스키어 이외 산책활동을 특별히 금지한 구간과 조명 시설이 설치된 크로스컨트리 코스beleuchtete loipe도 확보되어 있다. 이러한 이유 등에 의해 이 지역의 겨울은 스키를 즐기려는 사람들로 북적댄다. 겨울철 크로스컨트리 스키의 행렬로 북적거렸던 공간은 봄부터 가을에 걸쳐서는 바다처럼 펼쳐진 들꽃 속의 산책로로 변신한다.

1,2 _ 크로스 컨트리 스키코스의 겨울 풍경
3,4,5 _ 크로스 컨트리 스키코스의 여름과 가을철 모습

한 겨울철에 집 앞의 동네어른들은 그들의 아이들을 위한 여가환경을 스스로 운영하기도 한다. 즉 빈터를 이용하여 작은 저수지를 만들고, 여기에 수시로 물을 뿌려 얼리면서 주민 특히, 어린이들을 위한 스케이트장을 만들고 손수 관리하고 있었다. 이른 아침 쌀쌀한 날씨 속에서도 장비를 이용해 얼음을 부지런하게도 고르는 그들의 모습과 논에 물을 대어 썰매와 스케이트를 지치던 어릴 적 추억이 겹쳐지곤 하였다.

작은 저수지를 이용한 마을의 스케이트장

■ 숲속 놀이터

숲속의 '자연탐승로nature experience trail'를 뜻하는 '나투어에어렙니스파드 Naturerlebnispfad' 변으로 어린이를 위한 숲속의 놀이환경이 입지해있다. 어린이들뿐만 아니라 가족단위로도 즐겨 찾는 이곳은 숲속의 나무와 돌 등의 자연소재를 적절히 엮거나 매달고 배치하여 올라타거나 건너뛰고 통과하는 등의 신체운동을 유도하는 시설들이다. 숲속 산책로 변에 들어서서 정태적인 숲에 활기를 불어넣고 있는 이들 환경과 함께, 오감을 이용한 자연학습을 유도하는 시설유형들이 많이 있다. 더욱이 이러한 숲속의 놀이터는 소수의 체험자를 위한 것과 적어도 한 학급 정도를 수용할 수 있는 규모의 것, 산지 높은 곳에 위치한 것 등 다양한 유형과 환경을 이룬다.

1, 2, 3, 4, 5 _ 숲속 놀이
터의 다양한 유형들
6, 7 _ 생태학습시설
8 _ 숲속의 지압로

묘지공원의 분위기

■ 묘지공원

이곳 마을에도 묘원이 거주공간 가까이에 위치하고 있다. 앞서 뫼슬레 공원 등
에서도 언급하였지만, 묘지공원은 이곳 마을에서도 훌륭한 오픈스페이스로서
기능하고 있다. 즉, 주민들은 묘지공원을 그들의 공동정원처럼 돌보며, 일상환
경 속에서 삶을 묵상하는 장소로서 거부감 없이 이용하고 있다.

## 티티제-노위스타트Titisee-Neustadt

■ 마을의 개황

티티제-노위스타트
마을의 로고(자료출
처: Titisee-Neustadt
홈페이지)

티티제Titisee는 프라이부르크 도심에서 동쪽으로 약 30km 떨
어져 있는 작지만 아름다운 휴양형 관광마을이다. 반면, 이 마
을과 멀지 않은 곳에 위치해있는 '신시가지new city'라는 의미의
마을인 노위스타트Neustadt는 호쉬슈발츠발트Hochschwarzward의
산재한 마을들을 지원하는 지역거점형 마을이다. 이 두 개의
마을은 1971년부터 행정적으로 통합되어 티티제-노위스타트
Titisee-Neustadt라는 권역을 형성하고 있다.

티티제는 프라이부르크 중앙역에서 노위스타트Neustadt나 제부억Seeburgg 방면

의 기차를 타고 약 40분 정도 흑림-슈바르츠발트 쪽으로 올라온 곳에 위치한다. 도심 쪽을 기준으로 하면 조금 전에 소개한 힌터차르텐 다음 정거장이다. 따라서 힌터차르텐에서는 산길이나 경사가 완만한 평지 쪽의 도로를 이용하

티티제-노위스타트의 마을배치도(자료출처: Titisee-Neustadt Tourismus GmbH, Ortsplan(1: 5,000))

여 접근할 수 있다. 산길을 따라서는 흑림의 단순림이 펼쳐지면서 띄엄띄엄 휴양호텔, 가족호텔뿐만 아니라 오래된 농기구들을 전시하는 박물관 등의 문화시설, 청소년을 위한 캠핑장 등이 분포되어 있으며, 자전거와 노르딕 동호인들이 많이 이용하는 평지 쪽 연결로에도 숲과 초원이 반복된다.

1, 2 _ 힌터차르텐에서 티티제로 향하는 산길 변에 입지한 휴양시설
3 _ 경사가 완만한 평지 쪽 연결도로 상의 산림환경

티티제Titisee는 계곡 사이에 댐을 만들고 물을 가두어 생긴 인공호수이다. 이 호수의 규모는 약 1.3㎢ 정도이며, 수심은 보통 20m 이상 되는 것으로 알려져 있다. 해발 780m에서 1,192m 사이에 분포하는 티티제 지역의 경치는 매우 아름답고 햇살 역시 풍부하다. 여기에 더하여 제2차 세계대전 이후 조금씩 정비한 인프라가 매우 충실한 까닭에, 오늘날 이곳에는 매일 1만에서 2만 명 정도의 관광객이 방문하고 있다.

한편, 노위스타트 역시 '신시가지'라는 의미와 달리 1250년경에 형성된 유서 깊은 마을이나, 그동안 다양한 이름으로 지칭되다가 지금의 명칭으로 굳어졌다. 마을의 규모가 티티제보다 크고 교육, 문화, 상업기능과 같은 도시기능이 우월한 반면, 주변의 풍광은 티티제나 힌터차르텐 보다 다소 떨어지는 것이 사실이다. 두 곳 모두 수려한 자연환경과 우수한 수질을 활용하는 테라피hydrotherapeic 치유 온천시설들이 발달해 있다.

■ 티티제의 경관과 장소들

티티제의 아름다움을
전하는 우편엽서들

티티제 기차역에서 내려 호수 쪽으로 접근하는 가로변으로는 장식용 기념품점과 호텔, 그리고 레스토랑들이 즐비하다. 지역특산물 중 이곳에서 처음으로 발명되었다고 알려진 뻐꾸기시계가 특히 유명하며, 슈바르츠발트의 목재로 만든 것을 최고로 친다. 이러한 이유로 다양한 방식으로 작동되면서 아름다운 소리를 내는 뻐꾸기시계를 판매하는 선물가게들이 많이 있다. 또한 사철 문을 여는 크리스마스가게도 볼 만하다. 성탄절을 가까이 두고 있는 겨울에는 물론, 한 여름에도 성업 중인 크리스마스가

1, 2 _ 가로변 경관과 상점들
3 _ 광장의 경관
4 _ 넓은 잔디밭을 가진 가로변 공원
5, 6, 7 _ 뻐꾸기시계들과 크리스마스 선물가게
8, 9 _ 겨울철 눈에 덮인 티티제 호수와 공원관련시설들

게에서는 아기자기한 크리스마스 관련 장식들이 보기 좋게 정리돼 있다. 이러한 곳들이 올망졸망 모여 연출하는 티티제의 분위기는 무척 따뜻하며 평화롭다.

한편, 힌터차르텐에서 살펴본 성당 앞의 초원처럼, 마을의 정작 중요한 중심 영역을 '비우는' 방식은 이곳 산골마을에서도 반복되고 있다. 즉, 기차역에서 호수 쪽으로 전이되는 마을의 중심부에는 넓게 개방된 잔디밭이 인상적인 공원과, 꽃 화분flower pot과 노천카페가 공존하는 아름다운 광장이 위치하고 있다. 이곳의 밝은 분위기로 인해, 산골의 휴양마을 티티제의 인상이 무척 신선하게 느껴진다.

티티제titisee 호수에 유입된 물은 이 지역에서 가장 높은 펠트베르크Feldberg로부터 작은 시냇물 제바흐Seebach를 거쳐 흘러온 자연수이다. 가족단위의 나들이

1_ 유람선 보트탑승시설
2_ 어느 레스토랑의 안내판

3 _ 흑림을 투영하는 호수에서 수영하는 아가씨들

전기보트에서 본 마을의 전경

객과 연인들이 많이 찾는 호수 주변에서 많은 행위들이 이루어진다. 호수 주변을 따라 움직이는 산책과 조깅, 자전거 등의 행렬, 호수 속에 드리워진 흑림의 그림자를 무심코 바라보고 있는 휴식, 사람들에게 다가와 먹이를 달라고 보채는 오리나 백조들과 놀아주는 일 등은 보편적인 활동이다.

호수가 얼어 있는 겨울철에는 썰매와 스케이트가, 물속의 물고기가 보일 정도로 맑고 더운 여름철에는 낚시나 수영과 같은 활동이 이곳에서 행해진다. 간혹 누드인 채로 수영을 하거나 일광욕을 즐기는 사람들도 발견된다. 그러나 무엇보다도 이곳에서 가장 활발한 활동은 뱃놀이이다. 환경을 보호하기 위하여 이곳을 운행하는 유람선의 동력은 전기를 사용하고 있으며, 전기모터나 맨손으로 노를 짓는 보트만이 이용되고 있다. 사람들이 많이 몰리는 휴가철에는 어린이들을 위해 가설 놀이시설들이 설치되기도 한다. 호수 주변엔 숙박시설이 잘 마련되어 있지만 한 여름에는 경비를 절약하려고 텐트를 치고 즐기는 학생

들도 많다. 휴양형 관광지를 구성하는 이곳의 상점들은 개성과 위트 있는 안내
판 등으로 무장하면서 자신을 드러내기 위해 많은 노력을 기울이고 있다.

■ 노위스타트의 장소들

   고저차가 심한 산간마을 노위스타트의 중심공간은 기차역과 멀지 않은 곳에
있는 저지대의 작은 광장으로, 이곳에는 파스넷Fasnet의 축제분위기를 연출하
는 작은 분수와 조형물들이 들어서있다. 마을은 이 광장과 연속된 보행가로를
따라 올라가는 높은 지대에 입지하고 있어, 이 작은 광장과 고지대를 연결하는
보행가로가 행사시 마을의 축제공간으로 기능하게 된다. 힌터차르텐에서 울
트라 바이크 마라톤 행사가 열리던 날, 이 마을에서는 근처의 흑림지역의 목재
를 이용하여 만든 놀이시설을 중심으로 지역주민들이 함께하는 봄날의 축제

가 벌어지고 있었다. 자연소재만을 이용해 만든 창의적이고 재미있는 놀이시설들 속에서 지역의 아이들과 부모들은 즐거운 봄날을 만끽하고 있었다.

상업과 서비스 기능이 우월한 산간마을의 성격은 다양한 양상으로 표출된다. 마을의 간선도로는 꽃 화분으로 장식되며, 가로들이 만나는 작은 결절공간을 이용하여 유아용놀이터와 소규모 휴게소를 조성하고 있기도 하다. 아울러 자기네 상점으로의 방문을 유도하는 재치있는 포장 등은 도시공간에서 작은 미소를 제공한다.

한편, 이곳에 위치한 초등학교 교정의 전면에는 시가 운영하는 동물원 문덴호프에서 발견할 수 있었던 작가의 나무로 만든 조각품들이 서 있다. 아이들의 눈높이를 고려하여 동화적 소재를 모티브로 하고 있는 이 작품은 일상의 마을길에서 신선한 문화적 충격을 제공하고 있다.

1, 2 _ 중심광장의 조형물
3, 4 _ 마을의 축제광장으로서의 가로
5 _ 마을상점 주변의 포장
6 _ 결절부의 놀이터와 휴게소
7, 8 _ 나무 조각품

네번째,

# 프라이부르크의
# 생태주거단지

도면상으로 프라이부르크의 생태주거단지를 살펴보면 현란한 '그 무엇' 이 전혀 보이지 않을 뿐만 아니라 별다른 특징을 발견하기도 어렵다. 아니, 감흥은 차치하고 오히려 단조롭다 못해 경직된 환경으로 읽혀진다. 그러나 실제 눈높이에서 마주치는 환경은 생활공간에서 요구되는 장소적 특성을 무엇보다도 친환경적인 방식으로 드러낸다. 즉, '새의 눈' 으로 바라보는 조감도나 평면도 등에서 보이지 않던 장점들이 '생활자의 눈' 이라는 일상의 환경 속에서 새롭게 드러나는 것이다. 이제까지의 거창한 도시 만들기의 방식을 탈피하여 사회와 자연이라는 주거단지의 형성 주체를 회복한 이들 생태주거단지는 우리에게 기본에 더욱 충실해야 함을 일깨워 준다.

# ✤ 개괄

중세 성읍도시에서 출발한 프라이부르크는 여전히 진화하고 있다. 환경수도라는 평판에 안주하지 않고 시대의 흐름을 선도하는 모습은 구도심에서 멀지 않은 보봉Vauban과 리젤펠트Rieselfeld 주거단지에서 특히 강렬하게 느껴진다. 이들 환경은 그들의 모태도시가 독일의 환경수도라는 사실을 증명이라도 하려는 듯, 건강한 생태환경의 참모습을 보여준다. 아울러 사회문화적 측면의 다양성과 지속가능성 역시 놓치지 않는 이들 주거단지는 오늘날 세계적으로 주목받고 있다.

보봉과 리젤펠트가 특별한 것은 주거단지라는 대표적인 생활환경에서 공동체라는 사회적 관계망을 회복할 것을 독려하고 있기 때문이다. 즉, 이들은 주민 중심의 계획 프로세스와 실질적 협력체계를 통해 다양하고 건강한 기반환경을 형성한 대표적인 주거단지이다. 주민들의 참여에 의해 자부심과 애착으로 일체화된 단지환경은 실용적일 뿐만 아니라, 문화적 향유와 사회적 교류를 확대함으로써 주민과 환경을 결합시키고 있다.

새롭게 형성된 이들 주거단지의 환경은 지역의 전통과 과거의 기억을 계승하고 있다. 특히 보봉은 과거의 아픈 기억인 군사시설을 활용하여 다양한 계층이 함께 어울려 소통하는 공동체를 직조해 낸 사례이다. 리젤펠트 역시, 이 땅에 각인되어 왔던 저습지의 조건을 지렛대로 하여 안정된 주거단지를 이끌어낸 주거단지이다. 환경설계에 있어 환경적 맥락, 전통, 기억, 계승 등의 가치와 실천적 전략을 유감없이 드러내는 이들 생태주거단지는 전통적 환경 속에서 다양하고 역동적이며 현대적인 이미지가 표출된다. 이러한 이유만으로도 이곳에는 당연히 젊은이들의 비중이 높다.

도면상으로 이곳의 환경을 살펴보면 현란한 '그 무엇' 이 전혀 보이지 않을 뿐만 아니라 별다른 특징을 발견하기도 어렵다. 아니, 감흥은 차치하고 오히

려 단조롭다 못해 경직된 환경으로 읽혀진다. 그러나 실제 눈높이에서 마주치
는 환경은 생활공간에서 요구되는 장소적 특성을 무엇보다도 친환경적인 방
식으로 드러낸다. 즉, '새의 눈'으로 바라보는 조감도나 평면도 등에서 보이
지 않던 장점들이 '생활자의 눈'이라는 일상의 환경 속에서 새롭게 드러나는
것이다. 이제까지의 거창한 도시 만들기의 방식을 탈피하여 사회와 자연이라
는 주거단지의 형성 주체를 회복한 이들 생태주거단지는 우리에게 기본에 더
욱 충실해야 함을 일깨워 준다.


## ✤ 보봉Vaban 생태주거단지

### 보봉 생태주거단지의 개요

　보봉 생태주거단지는 프라이부르크 도심에서 남동쪽으로 약 3km 떨어진 숀
베르크Schönberg 언덕 근처에 자리잡고 있다. 도심 근교에 위치한 38만ha의 부
지에 600여개의 일자리와 수용인구 5,000명을 위한 이 주거단지의 완공목표
연도는 지난 2008년이었기 때문에 이제는 안정된 주거단지를 형성하고 있다.

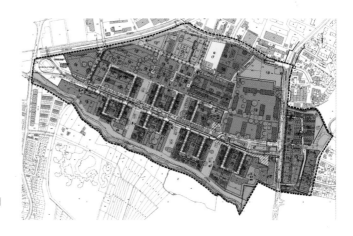

보봉 생태주거단지의
배치도

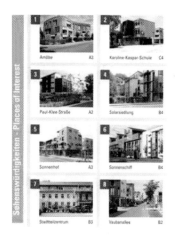

보봉 생태주거단지를 소개하는 우편엽서. 앞면에서 단지의 개략도면을, 뒷면에서 주요 장소환경을 보여준다.

　예술분야 종사자의 동호인 주택촌 등이 들어서 매우 활기찬 분위기의 인기 있는 주거단지인 보봉은 태양에너지의 활용이나, 차 없는 생활을 지향하는 독특한 환경 특성으로도 유명하다. 이를 반영하듯 생태주거단지 보봉Vaban을 주제로 한 우편엽서가 시의 인포메이션센터에서 팔리고 있다. 개략적인 주거단지 배치도를 전면에, 이곳의 일부 환경을 후면에 새긴 이 엽서가 암시하듯, 보봉은 프라이부르크의 미래지향적인 모습을 보여주면서 도시관광의 활성화에도 일조하고 있다.

　건강한 생태적 환경에 기반하고 있는 보봉 생태주거단지는 여느 단지와 사뭇 다른 '사회적 특징'으로 인하여 특히 주목된다. 즉, 군부대 이전적지의 재생과정을 통해 탄생한 보봉 생태주거단지는 시민참여를 통해 지역 공동체의 활성화와 친환경적이고도 지속가능한 환경을 이룩해낸 우수한 주거단지 개발 사례로 평가 받고 있다. 보봉의 개발 초기 건축적 배치와 관련된 목표는 두 가지였다고 한다. 그 중 하나는 주민들의 생활양식의 다양성을 성취하기 위한 것이었으며, 다른 하나는 다양한 사회계층의 주민들이 그들에게 걸 맞는 주택을 구입할 수 있도록 하는 것이었다. 이렇듯 다양한 환경 속에서 사회적 혼합 social-mix을 목표로 한 단지계획은 주민의 실제적인 참여를 통해서 이룩될 수 있었다. 즉 보봉 생태주거단지는 주민들이 부지 및 건물의 용도나 공원의 환경을 의논하여 디자인하고, 시가 그 제안을 받아들이는 식으로 만들어진 주민자치형 생태계획도시이다.

보봉 생태주거단지는 1996년 이스탄불에서 열린 유엔 정주회의 '해비타트II'에서 '모범적인 시민참여와 시민과 시가 협력한 계획프로세스의 예'로 소개되었으며, 2002년에는 '가장 우수한 사례'로서의 지위를 획득하였다. 아울러 이 단지는 'Green City, Green Life'라는 주제로 2010년 중국 상하이에서 개최되는 세계 도시엑스포에 프라이부르크를 대표해서 초청 받기도 했다.

보봉 시내에서 마주친 프라이부르크의 상하이 도시엑스포 준비기획물

보봉 생태주거단지의 안내서 표지. 별도의 영어번역본도 준비되어 있다.

이러한 유명세 탓에 오늘날 보봉에는 하루 약 6천여 명의 내방객이 찾아와 민원이 제기될 정도라고 한다. 오늘날에는 별도의 보봉 주민모임인 '주민연대 Stadtteilverein'를 중심으로 자치적 삶을 추구하고 있는데, 그들이 사는 이야기는 홈페이지www.stadtteilverein-vauban.de를 통해 온라인으로도 소개되어 있으며, 그들 마을의 역사와 특징들이 담긴 책자가 발간되어 통신판매되고 있기도 하다.

## 생태주거단지로의 전개과정

### ■ 병참기지에서 모델구역으로

프랑스, 스위스, 오스트리아 등과 인접한 유럽의 관문인 프라이부르크 내에서도 보봉은 특히 군대와 인연이 깊었던 곳이다. 이곳의 명칭은 과거 성곽도시 시절 프라이부르크의 요새화를 담당했던 루이14세의 병참기지 건축가인 보봉 Sébastien le Prestre de Vauban(1663~1707)으로부터 유래한다. 1937년경부터 나치 군대가 주둔했던 이 지역은 독일의 2차 세계대전 패망 후에는, 연합군의 일원이었던 프랑스 군이 병영을 넘겨받아 주둔하였다. 그러나 냉전시대의 상징인 베를린장벽이 붕괴되고 1990년 독일이 통일되면서 이 지역에 새로운 전기가 찾아왔다. 즉, 1992년 연합군의 철수와 함께 이 지역은 독일정부로 반환되어 이 부지의 새로운 활용에 대한 공론화가 시작된 것이다. 다양한 토론과정을 거친 후인 1993년 프라이부르크 시의회는 주거단지로 개발할 것을 의결하게 된다.

보봉은 '모델구역model district', 또는 모델주거단지로 지칭되기도 하는데, 여기에서의 '모델'이라는 의미는 생태적일 뿐만 아니라 사회, 경제, 문화적인 요소를 두루 갖춘 '지속가능한 발전 모델로서의 주거단지'라는 의미를 갖는다. 그러나 보봉 생태주거단지는 목표나 지향점뿐만 아니라, 그 계획과 건설과정에 있어서도 새로운 방법론적 모델을 창조해 냈다는 평을 받고 있다. 즉, 이 지역의 개발을 맡았던 프라이부르크 시정부와 별도로, '계획하며, 배우는'이라는 원칙 아래 시민들이 협력하고 동참한 결과가 오늘날의 보봉 생태주거단지를 만들어낸 힘이라고 할 수 있다.

시민 참여의 중심에는 '포름 보봉Forum Vauban'이라는 조직이 위치하고 있었다. 포름 보봉은 프랑스 군대가 철수하기 이전부터 '새로운 보봉'의 설립을 목표로 활동하던 많은 단체들과 환경운동가가 대거 결집하여 1994년에 설립된 시민자치모임으로, 그 설립과정에서 프라이부르크 시 역시 재정적 지원을 아끼지

보봉의 개발과정을 담은 항공사진.
차례대로 1992년, 1996년, 1999년,
2000년, 2001년, 2002년, 2003년,
2004년, 2005년, 2006년(자료출처:
프라이부르크 보봉 홈페이지)

않았다. 1994년에는 보봉과 관련된 도시개발계획의 수립을 위한 아이디어 공모가 시행되었고 1995년부터는 생태마을 건설을 위한 '시민참여 확대'의 책임이 포룸 보봉에게 맡겨졌다. 이러한 시민참여의 조직화를 계기로 시민들의 자발적이고도 적극적인 참여가 활성화되기 시작하였다. 시민참여는 첫 번째 모임 이후 교통, 에너지, 건축, 여성복지 등 담당이슈에 따라 실무그룹으로 분화되었으며, 각 분야에서의 심층적 접근을 통하여 사회적이고도 생태적인 Socio-ecological 모델주거환경의 건설을 향한 발걸음이 시작되었다.

그러한 일련의 활동 결과, 이 지역을 자립적인 생태주거단지로 건설하기 위한 몇 가지 원칙들이 마련되었다. 즉, 태양열을 주 에너지원으로 채택하고, 대중교통 중심의 교통체계를 구축하며, 이곳에 있던 큰 나무들을 가급적 손대지 않고 개발하며, 쓰레기 발생량과 물 소비량을 줄이고, 생태순환을 위해 콘크리트를 활용하지 않는다는 규약들이 그것으로, 이러한 원칙은 전 개발과정을 통해 일관되게 지속되었다.

■ 보봉 건설의 주체들과 사회적 노력

보봉의 가장 큰 특징이라 할 수 있는 '근린성과 사회성이 강화된 주거단지'를 위한 노력은 전 단계, 전 분야에 걸쳐 입체적으로 전개되어왔으며, 공동체 건설을 위해 다양한 집단들이 동참하였다. 그 중 중요한 성과를 개략적으로나마 살펴보기로 한다.

개발초기인 1990년 설립되었으며, 학생들이 중심이 되었던 S.U.S.I the Self-organized Independent Neighborhood Initiative 그룹은 저소득계층의 자족적인 주거환경을 구축하기 위해

비용과 에너지가 많이 소요되는 신규 건축 대신, 병영 건물을 개조하여 분양하는 방법을 선택하였다. S.U.S.I는 관련행정부서와의 오랜 협상 끝에 병영 건물 4개동과 토지를 매입 또는 장기 임대하여, 4년여에 걸친 개조작업 끝에 45개 가구, 연면적 7,500㎡ 규모의 아파트로 탈바꿈시켰다. S.U.S.I는 이 과정을 민주적으로 추진하면서, 생태적 건축자재를 사용하고 우수한 난방설비를 공급하면서도 공사비를 절감하였다고 한다.

　S.U.S.I가 일구어낸 환경에는 사회적 융합이 돋보인다. 오늘날 약 60명의 아이들을 포함하여 저소득 노동자와 예술가, 학생 계층 등 약 260명의 주민이 이곳에서 어울려 살고 있다. 그들이 만든 환경에는 주민 스스로 만든 어린이놀이터, 환경작품, 잠깐의 주거를 위한 캐러반caravan 등이 들어서 매우 자유스러운 분위기가 풍겨난다. 또한 의도되지 않게 디자인된 계단과 발코니, 창조적인 파사드facade 역시 혁신적이고 창의적이다. 이러한 모든 것이 집합되어 만들어진 다채로운 그림에 의해 프라이부르크의 보봉은 밝고 활동적인 이미지가 더해지고 있다.

기존 환경을 보호하면서 사회적 노력에 의해 형성된 건축 환경들

1997년 설립된 제노바Genova라는 단체는 1999년부터 2001년까지 4층 건물 4개 동 73개 가구를 만드는 과정에서 프라이부르크의 에너지 기준보다 20% 이상 효율적인 환경친화적인 건축자재를 사용했다. 아울러 이 조직은 민주적인 자조활동과 공적 사회자산 개념에 기초한 의사결정과정을 통하여 다양한 사회계층이 더불어 살아가는 단지 내 상호협력체계를 이끌어냈다. 예를 들어 이들이 주도한 건축물 중 '태양의 뜰'이라는 의미의 'Sonnehof' 주택은 세대와 구성원간의 소통과 통합을 위해 조성된 건축물이다. 이렇듯 제노바 역시 다종다양한 사람들이 모여 활기찬 근린사회를 이루는 것을 목표로 활동하였으며, 초기 계획단계부터 시공과정에 이르기까지 무수하게 많은 협력과 지원활동을 이끌어 내었다. 제노바는 연로한 사람들을 위해 무장애 아파트를 지원하였으며, 아파트단지 내에 응접실과 같은 역할을 하는 공동공간을 마련하여 왔다. 총 19개소가 지원받았으며, 근린 유기농 식료품점을 구축하는 등의 성과도 이룩하였다.

물론 이러한 사회적 조직의 근간을 이루었던 주체는 포름 보봉Forum Vauban이었다. 초기부터 1999년까지 포름의 자원봉사자는 프라이부르크 시의 자금지원과 독일정부의 환경기금, EU의 환경프로그램 LIFE 등으로부터 행정적, 물적 지원을 받았다. 이러한 뒷받침에 의해 포름은 보봉을 위한 시의회의 실무그룹City Council Working Group인 GRAG에 참여함으로써 정책결정에 많은 영향력을 행사할 수 있었다. 포름은 지구관련 소식지 '보봉 액추얼Vauban actuel'을 1996년 출간하는 등 보봉 주거단지와 관련되어 대두되는 이해를 공공적 입장에서 조정하여왔다. 포름의 노력으로 제노바에 의한 전술한 공동주택들을 비롯하여 많은 집합건물이 완성되었다. 더 나아가 포름 보봉은 몇몇 프로젝트에서 주도권을 갖고 참여하기도 하였는데, 그중에서도 특히 근린센터 Haus037과 그 전면광장은 뜻 깊은 의의를 지닌다.

보봉 생태주거단지의 커뮤니티센터이며, 사회적 중심인 동시에 핵 공간인 Haus037과 그 전면광장 알프레드 되블린 플라츠Alfred-Döblin Platz는 주민참여를 통해 사회적 공감대를 형성하면서 이를 토대로 시의회를 설득하여 실질적인 환경을 이끌어낸 성공적 사례이다. 프랑스 병영시절인 1937년 지어져 장교들의 카지노로 사용되던 Haus037이라는 건물은 원래, 더 많은 주거를 도입하기 위해 철거가 예정되어 있었다. 그러나 지역주민과 S.U.S.I, 그리고 포럼 보봉은 잘 지어진 이 건물을 보존하면서 활용하는 방안을 적극 제안하였다. 이 오래된 막사건물의 보존여부와 이용방안을 두고 시민들은 오랜 기간 시의회와 긴 논쟁을 통해 협상을 벌였으며, 결국 프라이부르크 시는 이 건물을 1마르크에 시민들에게 넘겨주었다.

Haus037과 그 전면광장인 알프레드 되블린 플라츠

즉, 2001년 여름 시의회는 이 집을 보존하고 단지의 주체에게 관리의 책임을 부여하는 독일 내 첫 번째 사례를 결정했으며, 토지는 대물려 양여되도록 조치하였다. 지방정부의 협조, 민간의 재정지원, 적극적인 후원자들 덕분에 이 오래된 건물의 개조사업이 가능해지게 된 것이다. 오늘날 보봉의 심장으로 기능하는 이 건물은 이렇듯 시민의 헌신에 의해 만들어진 것이다. 아울러 오늘날의 광장환경 역시, 약 25,000유로의 기부를 통해 실현된 것이며, 많은 시민이 환경 만들기의 세부과정에 적극 참여한 결과로 이루어졌다. 이러한 이유로 이곳 주민들은 군대의 막사건물을 개조한 그들의 근린센터와 전면광장에 대해 매우 큰 자부심을 갖고 있다.

한편, 이전부터 논쟁의 여지가 있어온 몇 가지 문제로 인해 2004년 포름 보봉이 해체되어, 2005년 주민의 전체투표를 통해 단지 내 의회조직이 결성되었다. 그리고 보봉의 새로운 주민모임인 '주민연대Stadtteilverein'가 결성되어 이 조직이 보봉을 담당하는 시의회 GRAG에 대한 지구의 대표성 행사, 프라이부르크 시민조합과의 협의기능 등 근린의 살림살이를 맡고 있다. 오늘날은 예전과 다르게 상호 협의하고 협력해서 결정해야 할 일이 많지 않으나, 이러한 상황에도 불구하고 많은 주민과 자원봉사자들이 태양열기술, 문화활동, 광장의 행사, 교통, 단지의 입구환경, 녹도환경의 설계, 보봉 소식지의 발간, 연중축제의 준비 등 지구 내 활동에 활발히 참여하고 있다.

## 보봉을 가능케 한 소프트웨어

### ■ 교통정책

보봉은 단지 내로 최소한의 차량만을 유입시키기 위한 정책들을 개발하고 이를 실천해왔다. 이 단지에서는 차량의 보유 여부 자체가 주거비용과 밀접히 관련된다. 차량을 소유하고 있지 않은 사람은 보봉에서 주택을 구입할 때나 임대할 때 주차장 관련비용을 지불할 필요가 없다. 다만 '차량 없는 삶을 위한 주민모임Association for Car-Free Living'이라는 주민단체와 협약을 체결해야 하며, 매년 여전히 차량을 보유하고 있지 않다는 사실을 확인 받아야 한다. 이는 단지 내에서 차량을 보유한 자가 보유치 않는 주민의 몫을 지불한다는 반대급부의 실행을 전제로 한 제도이다. 즉, 보봉의 차량 보유자는 앞서 언급한 단체의 승인과 함께 약 3,700유로 이상의 금액을 지불해야 한다. 반면, 이곳에서 차량 없이 거주하는 주민에게는 1년간 프라이부르크 대중교통의 무료이용과 기차표 50%의 할인혜택이 주어진다. 이러한 방식은 실제적이고도 지속적으로 적용되어 왔다. 이 결과 2007년 말까지 주차가능구역parking free zone 내 약 1,000여 가구 중 420가구 이상이 자동차 없는 생활을 선택하고 있는 것으로 나타났다.

물론, 이러한 방식이 유효 했던 것은 여타의 분야에서 이를 체계적으로 지원할 수 있었기 때문이다. 지방정부 는 보봉의 대중교통을 보완 하기 위해 도심으로부터의 트램tram라인을 연장하여 2006년 조기에 개통시켰다.

보봉 생태주거단지에서 보이는 카쉐어링 차량

또한 초등학교, 유치원, 시장과 상점뿐만 아니라 600개의 일자리 모두 보행권 을 기초로 배치되었다. 이 결과, 전차역과 타운센터 역시 지역 내 어디에서나 15분 이내에 자전거, 트램, 버스를 통해 접근할 수 있다. 아울러 12대 이상의 자동차 나눠 타기car-sharing차량이 이 지구 내 주민의 유사 시 이동을 위해 상시 대기하고 있다.

이러한 고려들을 기초로, 입주자를 위한 대형주차장 3개소가 단지외곽부에 분산 배치된 반면, 주 노선인 보봉 앨리vaubanallee에는 방문객을 위한 주차장만 이 일부 마련되어 있다. 따라서 단지의 남쪽과 서쪽블록의 경우에는 결과적으 로 주로 주차가 불필요한 집합주거나 개인주택을 위해 토지가 할애되었다. 자 동차 소유 여부에 기초한 교통정책이 보봉의 토지이용방식에도 크게 영향을 끼친 것이다.

친환경적 단지 건설을 위해 사회적 측면을 고려한 이와 같은 교통정책은 이 단지의 교통량을 현저히 감소시켜왔다. 오늘날 1,000명 보봉 주민을 기준으 로 할 때, 250여대에 불과한 자동차의 보유대수는 다른 지역의 평균치 500대 이상을 감안할 때 매우 괄목할 만한 것이다. 아울러 이러한 교통정책의 성과 는 차량이 단순히 감소한 것 이상을 의미한다. 즉, 보봉 주거지역 내 일상 환

보봉지역의 대중교통, 트램          자전거를 타고 단지 내 간선도로인 보봉앨리를 건너는 어린이들

경인 '동네 길' 은 이제 차량과 관련된 부분은 부차적 기능이 되어버렸고, 주민끼리 친교하고 아이들이 노는 본연의 '장소' 로서 되돌아오게 된 것이다.

## ■ 친환경 에너지 정책

보봉에 위치한 대부분의 건축물은 에너지 절감과 관련하여 상당한 성과를 거두고 있다. 1997년 이 단지의 건설 당시 설정된 건축물의 에너지 소비기준은 m²당 연간 65kWh 이하였다. 이는 1m²를 덥히는데 65kWh 이하의 에너지만 쓴다는 뜻으로, 당시 독일 일반가정의 기준이 m²당 200kWh이었음을 감안할 때, 3분의 1 이하로 설정된 것이었다. 이러한 건축타입은 학교와 유치원에도 예외 없이 적용되었는데, 이를 적용한 에너지 비용은 일반주택의 15%선에 불과하였다.

보봉에는 에너지 소비기준이 15kWh 이하로서, '수동passive' 의 상태를 의미하는 패시브하우스Passivhaus가 있다. 패시브하우스는 정교한 난방시스템 없이도 15kWh 이하의 전력, 또는 m²당 1.5리터 이하의 난방유를 소비하면서 유지되는 건축물이다. 이들 건축물은 일반가정의 한 달 에너지 사용비도 안 되는 에너지를 소비하면서 태양열 집열기, 외부와 연결된 고효율의 벽체, 남쪽에 면해 나 있는 큰 창, 거실의 환기와 온도 회복장치 등과 같은 '내적 자원'들을 통해 1년 내내 안락한 온도를 유지한다. 즉, 남향으로 설정된 건축물의 전면은 햇볕을 최대한 받아들이는 반면, 40cm 이상의 단열재를 사용하여 나무로 외벽을 마감한 북쪽의 작은 창문은 열손실을 최소화한다. 또한 3중 유리를 두 겹으로 사용하면서 이 사이에 아르곤 가스를 넣어, 적외선은 반사하고 가시광선은 방안에 머무르게 하여 실내 온도를 유지한다. 따뜻하게 데워진 공기가 실내에 오래 머무를 수 있도록 시공하는 것이다. 환기장치가 가동되면 실내공기가 빠져나가면서 외부의 차갑고 시원한 공기가 유입되는데, 밖으로 나가는 공기가 열교환기를 통과하면서 들어오는 공기를 데우기 때문에 환기로 인한 열손실도 최소로 유지된다. 패시브하우스의 시세는 보통 집보다 약 7%정도 비싸지만, 7~8년이 지나면 값싼 전기료로 그 차액이 상환되기 때문에 경제적인 면에서도 인기가 있다.

보봉에는 한발 더 나아가 에너지를 생산해내는 50여동의 '플러스plus에너지' 하우스도 입지해 있다. 이는 독일연방정부의 '태양지붕 10만개 설치 정책'에 힘입어 태양광발전시설을 설치한 것으로, 소비전력을 제외한 잉여전력을 전기회사에 되파는 시설을 가리킨다. 이러한 유형의 대표적 사례로 보봉 생태주거단지 인근에 위치한 헬리오트롭Heliotrop이란 건축물을 꼽을 수 있다. 1994년 완공된 이 건물은 높이 14m의 중앙기둥이 직경 11m, 연면적 200㎡의 원통형 3층 건물을 떠받치고 있는 독특한 구조로서, 목재로 마감된 외벽과 함께 원통형 전면의 절반은 단열유리로 이루어진 반면, 나머지 반은 단열성이 우수한 벽으로 형성되어 있다. 독일의 유명한 건축가 롤프 디쉬Rolf Disch가 설계한 태양광주택이자 예술스튜디오인 이 건물은 기둥 중심축에 설치된 240개의 베어링이 작동하여 회전함으로써 '해바라기처럼 태양을 쫓아 움직인다'는 헬리오트롭Heliotrop이라는 명칭의 의미를 반영한다. 겨울철에는 유리면이 태

양을 향하고, 더운 여름철에는 단열효과가 높은 벽이 태양을 차단하는 방식으로 계절에 따라 회전하는 것이다. 이로써 옥상에 설치된 60㎡넓이의 태양 전지판은 건물 소비에너지의 5~6배를 생산한다. 이 건물의 건축비용은 약 160만 유로에 이르렀지만, 앞서 언급한 연방에너지 법에 의해 연간 약 7천만 원 이상의 수익을 올리고 있다.

보봉에는 이 이외에도 저렴한 비용으로 에너지를 생산해내는 플러스에너지 주택들이 있다. 이들은 높은 에너지 효율과 거대한 광전지를 이용하여 많은 양의 에너지를 생산한다. 140㎡의 면적을 기준으로, 플러스에너지 주택과 일반 주택의 난방에너지 사용열량을 비교하면, 일 년간 1,500kWh와 11,000kWh의 차이로 나타나며 에너지 소비는 2,200kWh와 3,800kWh로 비교된다. 이중에서도 보봉단지와 도심을 잇는 간선도로Mezhauser straße상의 '태양의 배Solar

Ship'를 의미하는 손넨쉬프Sonnenschiff라는 건물은 에너지를 생산하면서 주변의 환경을 자동차의 소음으로부터 보호하고 있다.

　태양광 설비시설은 '솔라 주거'에 국한되지 않고 다양한 건축물에 적용되고 있다. 일례로 태양에너지 주차장Solar Garage 지붕에 있는 설비는 1991년부터 매년 약 81MWh의 전력을 생산해 왔다. 또한 민간부문의 창의에 의하여 주민센터 Haus037과 엘렉트로 쉴링거Elektro Schillinger로 명명된 두 번째 근린주차장에는 이보다 더 발전된 설비가 구축되기도 하였다.

1_ '태양의 배'라는 의미의 손넨쉬프 건물. 강력한 가로벽을 형성하여 내부의 블록을 소음으로부터 보호하고 있다.
2_ 태양에너지 주차장(Solar Garage)

주거단지 인근 열병합 발전소의 열효율 게시판

이렇듯 보봉 생태주거단지에는 온수 공급과 난방을 위한 태양열 설비가 보편화 되어 있다. 난방과 온수를 위한 태양열 집열장치는 보조프로그램을 통해 정책적으로 지원되고, 주택조합에 의해 건설된다. 부족한 전력과 난방열은 마을 앞의 열병합 발전소에서 공급받고 있는데, 이 발전소에서 쓰이는 연료는 프라이부르크 인근 흑림의 간벌목이나 우드칩wood-chip을 잘게 쪼개 사용하고 있다. 발전소 앞 게시판엔 마을의 전력 사용량과 이산화탄소 배출량 등이 기록되어 누구든지 확인할 수 있다.

■ 오픈스페이스와 색채 환경

보봉 생태주거단지를 특징짓는 또 다른 원칙 중의 하나는 고밀건축을 통해 여유로운 녹지를 확보하는 것으로, 이를 위한 방편 역시 다양한 측면에서 모색되었다. 우선 지구 내에서 60년 넘게 풍상을 겪어온 많은 노목들을 대부분 보존하는 계획안을 마련함으로써 지역성을 유지하면서 녹지체계를 강화할 수 있었다. 아울러 건강한 생태적 기반을 구축하기 위하여 많은 건물에 옥상녹화를 도입하고 옥상의 초지를 이용해 빗물의 일부를 흡수, 저장했다가 재활용할 수 있도록 하고 있다. 또한, 단지 내 벽면녹화 역시 충실하여 여름철 골목에 들어서면 집의 외관이 푸르름에 묻혀 잘 드러나지 않을 정도다.

1_ 중심축 보봉앨리를 따라 설치된 간선배수로

2, 3, 4 _ 블록 단위의 지선 배수로

한편, 전술한 옥상녹화를 위시하여 대상 환경의 지하수위를 적정하게 유지시키기 위한 많은 조처가 병행되고 있다. 강우를 모아 지하로 쉽게 스며들도록 하는 배수시스템을 확보하기 위하여 간선과 지선의 배수로 체계를 구축하였으며, 우수를 효율적으로 사용할 수 있도록 저수탱크를 단지 곳곳에 확보하는 한편, 단지 내 하천뿐만 아니라 비오톱 환경 역시 충실히 보존하고 있다.

보봉 생태주거단지 내의 많은 외부환경은 그 자체가 사회적 커뮤니티 활동의 산물이기도 하다. 대표적인 예로서, 단지에 그린스트립green strip이라는 이름으로 설정된 다섯 가닥의 부 녹지축 환경들은 모두 인근 주민들의 공동 워크숍 과정을 통해 형성된 것들이다. 이들 5개 녹지축 모두는 고유한 특색과 풍부함, 그리고 무엇보다도 지역주민의 긍지를 담고 있으며, 그들의 홈페이지를 자랑스럽게 장식하고 있다.

그런가하면 베를린의 예술가 에리히 와이스너Erich Wiesner는 보봉 생태주거단지를 위한 색채계획을 직조해 내었다. 그는 거주자들이 자신의 취향에 따라 건축환경에 골라 쓸 수 있는 12가지 색의 팔레트 조합을 개발하였는데, 이들 색채가 무작위로 반영된 보봉지역의 이미지는 매우 밝고 유쾌하며, 특별하고 안락한 분위기를 제공한다.

겨울철과 대비되는 밝고 따뜻한 느낌의 색채 환경

## 보봉의 환경 특성

■ 보봉의 사회적 구성과 기반시설

보봉 생태주거단지의 주민 구성은 독특한 연령대를 보여준다. 즉, 2007년 중반을 기준으로 할 때, 4,900여명의 주민 중 18세 이하가 약 30%를 차지하고 있는 반면, 60세 이상은 2.2% 정도에 불과하였다. 또한 이들 중 10% 이상

보봉에서 이루어지고 있는 여러 가지 사회활동과 관련된 팜플렛

이 독일시민권을 보유하지 않은 사람들이었다. 이러한 주민 구성은 노령인구의 비중이 많은 독일에 있어 매우 이례적인 경우로서, 계층 구성이 매우 젊고 다양하다는 점을 보여준다.

이렇듯, 또 다른 프라이부르크의 신규 주택단지인 리젤펠트Reiselfeld와 더불어 가장 젊은 단지를 형성하고 있는 보봉은, 그들의 아이들에게 만족할 만한 오픈스페이스를 제공하기 위해 노력해 왔다. 그런 일련의 노력 덕분에 보봉의 환경은 활력이 넘치며, 아이들뿐만 아니라 십대를 위한 기반환경이 구축되어 있다. 즉, 유아들을 위한 많은 놀이공간과 유년층을 위한 청소년센터, 그리고 어린이를 위한 모험농장 등 매우 매력적인 공간들이 다수 존재한다. 또한 주거단지 근처와 단지 내에 위치한 축구장이나 라켓 스포츠시설, 승마장 등은 보봉 주민들에게 각종 편의와 혜택을 제공한다. 한편, 몇 년 안에 현재 약 4백여 명에 달하는 10대 인구가 2배 이상 늘어날 것이라는 전망이 있어서 젊은 세대를 위한 활기찬 공간을 더 많이 확보코자 노력하고 있다. 그리고, 거의 5천명에 이르는 보봉 인구 중 약 1백여 명 만이 60세 이상이나, 이중 많은 어른들이 이 단지의 사회적 · 정치적 활동에 적극 참여하고 있다. 향후

10년 내에 60대 이상 주민이 3백명을 초과할 것으로 예상되어 이에 대한 대책 역시 강구하고 있다.

■ 문화환경과 산업

보봉의 전체면적 38ha 중 주거지역은 16.4ha, 상업지역은 1.6ha, 복합용도는 3ha 정도로 구성되어 있다. 보봉에는 유기농 식료품점과 슈퍼마켓, 빵집, 와인가게, 심지어 할인양판점처럼 다양한 쇼핑공간이 입지해 있다. 곳곳에 산재되어 있는 많은 업무활동과 서비스 기능은 보봉을 베드타운이 아니라 주민요구에 부응하는 살아있는 단지로서 기능케 한다. 결과적으로 2007년 중반에 이르러 이 생태주거단지에는 가내활동을 제외하고도 약 400개의 일자리가 창출되었다.

주간선도로 상에서 보이는 커뮤니티센터인 Haus037과 전면광장

이 뿐만 아니라 보봉에는 다양한 문화활동이 살아 숨쉰다. 이중 흥미로운 공간들은 대략 다음과 같다. 보봉 생태주거단지의 커뮤니티센터 Haus037은 다양한 기능을 갖는 홀Hall과 육아 또는 가족센터, 스튜디오, 지역의 행정사무소 등으로 다양하게 활용되고 있다. 또한 2005년 레스토랑 슈덴Süden이 새롭게 문을 열어, 이 매력적인 환경은 더욱 활기를 띄게 되었다.

다양한 예술과 공예를 접하고 즐길 수 있는 DIVA

추가적인 문화 포인트라 할 수 있는 DIVA는 리제 마이트너Lise-Meitner라는 가로상에 위치해 있으며, 예술과 공예를 접하고 즐길 수 있는 곳이다. 1952년 막사로 지어진 이 건물은 비교적 양호한 상태임에도 불구하고 해체될 운명에 있었다. 그러나 보봉 주민들은 이 건물 역시 보존하여 재활용할 필요가 있다는 판단하에, DIVA 주식회사와 파트너십을 체결하고 시와 장기간에 걸친 협의를 진행하여, 결국 2003년 이 건물을 매입하여 개조하는 성과를 거두었다. 오늘날 이 건물은 서비스와 예술, 공예와 상업 등 서로 다른 용도가 매우 다채로운 조합을 이루어 운영되고 있으며, 콘서트 홀, 댄스스쿨, 음악학교와 다양한 스튜디오 등이 주민들을 맞이하고 있다.

아메바(Amöbe) 건물의 외관

   스튜디오인 동시에 공방 건물인 '빌라반Villaban'은 2004년에 건립되었다. 3층에 걸쳐져 있는 목조구조의 프레임은 광장의 윤곽을 형성하고 중정과 잘 연계되어 있다. 중정을 따라서는 간이매점, 자전거 가게, 목공예 공방, 쿵푸교실 등이 입지해 있다. 또한 이 건물과 바로 연접하여 서있는 아메바Amöbe 건물은 2005년 건설된 문화, 첨단기기, 의료 건물이다. 특징적인 분위기와 형태로 인해 연접한 건물과 대조를 이루며, 요가교실, 컴퓨터 수리점, 음악과 사진스튜디오 등 여러 작업공간을 제공한다.

   이외에도 매우 활기찬 문화적 환경들이 입지해 있는 사회적이고도 생태적인 보봉 주거단지는 많은 예술가들을 끌어들이고 있다. 대표적인 단체로 '예술'을 의미하는 '쿤스트Kunst'라는 작업집단이 근린센터 Haus037을 기반으로 자치적으로 활동하고 있다. 그들은 소속예술가를 위한 작업실을 운영하면서 다른 예술가나 주민들과 소통한다. 이 조직은 중심광장인 알프레드 되블린

Alfred-Döblin광장을 위한 분수나 다른 광장의 조형물, 그리고 단지 내 녹지축 green strip의 환경조형물을 만들어 내었다. 또한 보봉에 거주하는 예술가는 근린 속에 흩어져서 댄스, 음악, 예술과 디자인 등을 청소년과 노인에게 전파하기도 한다. 다른 사람들과 함께 음악활동을 하고 싶은 사람은 누구나 지구 내에 있는 4개의 합창단이나, 챔버 뮤직단체에 가입할 수 있다.

## 보봉의 장소환경

### ■ 근린센터: Haus037

보봉 생태주거단지 내 커뮤니티센터의 앞마당은 소설가이자 수필가로서 독일 표현주의운동 당시에 가장 주목 받았던 설화작가 알프레드 되블린Alfred-Döblin(1878~1957)을 기리는 공간으로, 이 광장의 개관식에는 그의 아들이 참석했다고 한다. 보봉의 상징이자 중심 공간인 이곳에서는 다양한 행위가 일어난다. 더운 여름철, 어린이들은 펌프질을 하며, 물대포와 물총을 쏘아가며 물놀이에 흠뻑 빠져 든다. 그들의 흥겨운 소란으로 광장은 새삼 활기로 충만해진다. 그러나 이 와중의 상황을 자세히 들여다보면, 그들은 단지 놀이만 즐기고 있는 것이 아니었다. 보봉의

더운 여름날 알프레드 되블린 플라츠에서 행해진 물놀이 겸 과학학습활동

개구쟁이들 옆에는 이 흥겨운 물놀이를 통해 과학의 원리를 가르쳐주려는 자상한 어른들이 관련된 기자재와 함께 땀을 흘리고 있었다.

■ **주축: 보봉 앨리|Vaubanalle**

보봉 주거단지의 주축을 형성하는 가로는 동서방향의 보봉 앨리Vaubanallee이다. 이는 과거 병영시절부터 있어 온 노선으로, 오래된 아름드리 가로수들을 보존하면서 새로운 식재를 추가하고 주변에 추가적인 녹지를 확보한 것이다. 따라서 가로환경에서는 오래된 마을길과 같은 정취가 묻어난다. 몇몇 어린아이들은 커뮤니티 광장을 벗어나, 이 길에서 맨발로 뛰어놀곤 한다.

옛날부터 있어온 보봉 앨리의 노선에는 트램tram 선로를 부설하면서 새로운 조치 역시 부가하였다. 즉 가로변 녹지를 강화하고 여기에 간선 배수로를 설치하여 명실상부한 주축의 기능을 맡도록 한 것이다. 개별 주거공간과 소 생활권에서 모여진 빗물이 흐르는 개방된 구조의 간선배수로는 그 자체가 녹지인 동시에 작은 생태환경이다. 트램의 선로가 입지한 지표면 역시 대부분 녹지로 채워져 있다.

간선배수로와 트램 선로가 부설된 보봉앨리

보봉앨리에서 노는 맨발의 아이

■ 부축: 그린 스트립Green Strip

　이 단지의 공간구조를 교통 측면에서 살펴보면, 강력한 간선축인 보봉 앨리Vaubanallee와 루프loop형 도로망이 결합된 구조로서 이해할 수 있다. 이는 동서방향의 강력한 간선 축을 근간으로 트램tram이라는 대중교통을 효율화하면서 보행권을 강화하기 위한 조처인 것으로 판단된다. 이러한 방식에 의해 보봉 생태주거단지에는 클러스터cluster형의 소생활권별로 남북방향의 녹지축 그린 스트립green strip이 다섯 가닥으로 퍼져나가고 있다.

　이 그린 스트립은 보봉의 근린성을 강화시키는 골격축으로서 강력한 환경 요소들로 무장하고 있다. 즉, 이곳에는 주민들이 스스로 만든 조각물과 놀이용 환경들이 제각기 특징적으로 입지해 있다. 입구의 조형물, 휴게 및 편익시설, 놀이시설들은 제각기 다른 모양과 분위기를 내고 있지만, 친근하며 생태적이라는 공통점을 보유한다. 아울러 많은 놀이시설들이 어린이들의 사회성과

1, 2 _ 역할놀이터
3 _ 어느 그린스트립의 전경
4, 5 _ 주민들이 만든 입구조각과 시설물들
6 _ 바비큐 시설

7 _ 주민들의 모임
8, 9, 10, 11, 12, 13 _ 그린스
트립에 입지한 다양한 어린
이놀이시설

감성을 자극할 수 있도록 의도되어 있다. 즉, 어린아이들이 모여 역할놀이를 할 수 있도록 만들어진 장소와, 가족끼리 모일 수 있도록 바비큐 등의 지원시설이 부가된 공간은 이들 삶의 지향점을 잘 드러낸다.

■ 단지 내 공공환경

보봉으로 연장된 3호선 트램tram이 순환하는 주거단지의 동쪽 끝부분에는 이곳 주민들의 아름다운 모임공간이 위치한다. '버드나무로 엮은weiden 궁전 palast' 이라는 의미로 '와이덴 팔라스트' 로 지칭되는 주민공간이 바로 그것으로, 이 시설의 구조는 보타니컬 가든에 있던 것과 유사하나 규모가 훨씬 크다.

와이덴 팔라스트. 단지 내 주민들이 만든 모임공간

이곳은 축제 기간에 주민들에 의해 특별히 아름답게 장식되며, 보통 때에도 주민들이 모여 모닥불을 피우며 모임을 갖곤 한다.

이 주거단지와 도심을 연결하는 간선도로Merzhauser Straße 상에서 보봉 단지로 꺾어 들어오는 초입부분에 파울라 모더존 플라츠Paula Modersohn Platz라고 지칭되는 작은 광장이 위치해 있다. 이 광장은 단지의 초입부분에 있는 트램 정거장, 초등학교, 체육관, 상업시

파울라 모더존 플라츠

설, 트램 및 버스정류장, 그리고 지구의 주차장 등과 인접해 있는 부차적인 거점공간이다. 태양에너지를 이용하고 있는 건물로서 전면 간선도로상에서 강력한 이미지를 제공하는 주차장 건물solargarage 뒤쪽의 이곳은 단지 초입부에서 다양한 활동을 지원한다.

■ 주거단지 내부 환경들

이곳의 집들은 우리나라로 치면 다세대 연립주택 위주로 구성되어 있다. 태양열 주택을 언뜻 보면 일반적인 테라스 주택과 유사하다. 대개 남쪽으로 면하는 부분에 큰 창이 부각되어 있고 자연소재의 재료로 지어져 있어 사람들의 시선

1 _ 개별 주거지변
도로의 환경
2, 3 _ 모래놀이터
4 _ 닭을 기르고 있
는 작은 정원
5 _ 나무 그늘 아래
의 놀이들

을 사로잡는다. 또한 건축물은 유기적으로 클러스터링clustering되어 중정을 공유
하고 있다. 건물의 외벽과 베란다에는 서로 경쟁이라도 하듯 아름다운 꽃과 화
분이 놓여 있다. 또한 몇 개의 건축물이나 클러스터가 공유하는 중정에는 주민
들의 필요에 따라 넓은 화단과 어린이놀이시설 등이 설치되어 있고, 시골 텃밭
과 같은 실용원과 예쁜 꽃밭도 만들어져 있다.

차량이 거의 보이지 않는 안전한 단지 보봉에서 일상생활이 수용되는 단지 내
도로는 생활공간 그 자체로서, 많은 시간 아이들의 놀이터이자 주민들의 휴게
공간으로 기능한다. 단지 내부의 놀이터는 대개 자연환경을 적극 이용하고 있
다. 나무 높이 매달아 놓은 놀이집, 모래장난을 실컷 할 수 있는 흙 놀이터, 닭이

216

나 토끼 등을 기르는 작은 정원 등이 발견된다. 이곳에서 어린이들은 거리낌과 꾸밈없이 자연과 더불어 놀이를 즐긴다.

■ 경계부의 하천과 비오톱

보봉 생태주거단지의 남쪽 경계부 쪽으로는 '돌프바흐Dorfbach' 라고 불리는 시냇물이 흐르고 있다. 계류보다 큰 규모의 물이 흐르다가 모여 웅덩이를 이루기도 하며, 주변 냇가의 전체적 분위기가 우리나라 시골 동네에서 마주치게 되는 개울을 닮아 아이들에게 천연의 놀이터가 된다. 그러나 이곳은 지속적으로 모니터링이 이루어지면서 관리되고 있는 엄연한 비오톱biotop 지역이다.

경계녹지에서의 활동

냇가에서의 한때

냇물에 뛰어드는 아이들

그러면서도 더운 여름날 나뭇가지 위에 올라가 코를 틀어막고 웅덩이에 뛰어드는 천진난만한 어린이들, 아이와 함께 발을 적시는 주부 등이 쉽게 관찰된다. 이곳의 풍부한 녹지는 앞서 언급한 5개의 녹지축과 단절되지 않고 연속적으로 연결되어 있다.

■ 단지 외부의 어린이 모험마당과 승마학교

보봉 생태주거단지 바깥쪽에는 이 단지를 지원하는 매우 매력적인 환경들이 입지해 있다. 그 중에 '어린이 모험마당kinder-abenteuerhof'은 아이들이 몸소 자연을 접하며, 생활에 필요한 도구들을 만들고 학습하며 체험하는 교육장이다. 이곳에는 그들이 만든 다양한 환경들이 전시되어 있으며, 교육학습공간과 창고 등이 부설되어 있다. 보봉의 아이들은 이곳에서 자연과 함께 살아가기 위한 살아있는 교육을 접한다.

또한 이 공간의 서쪽 편에는 어린이들과 주민들의 취미활동을 지원하는 '승마학교reitstall' 가 있다. 냇가의 녹음을 따라 말을 타고 천천히 이동하는 여유로운 정경은 도심근교 주거단지 보봉에서 만날 수 있는 색다른 모습이다.

1, 2, 3 _ 어린이 모험마당
4 _ 냇가를 따라 승마를 즐기는 아이들

# ✤ 리젤펠트Rieselfeld 생태주거단지

## 리젤펠트 생태주거단지의 개요

리젤펠트Rieselfeld 주거단지는 프라이부르크의 시가화 구역 중 서쪽 끝단에 위치해 있다. 또한 이곳은 6천여 명이 근무하고 있는 하이드Hide산업지구의 남쪽이며, 도시지역 내에서 자연성이 특히 두드러진 곳이다. 리젤펠트 주거단지로부터 1km 이내에는 시가 관리하는 동물원인 문덴호프Mundenhof가, 3km 반경 내에는 무스발트Mooswald산림과 오핑거 호수Opfiner See 등이 있어, 쾌적한 주거환경이 돋보인다.

원래 리젤펠트는 프라이부르크의 시장이 1891년부터 대학교 측으로부터 땅을 구입하여 시유지로 만들어나가고 있는 지역이다. 독일어로 '리젤riesel' 은 하수 또는 배수로를, '펠트feld' 는 들판 또는 농장을 의미한다. 지명이 이야기

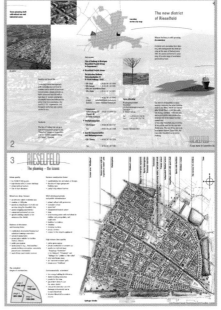

1_ 리젤펠트 생태주거단지의 배치도

2, 3_ 리젤펠트 관련 홍보자료

단지 외부에서 본 리젤펠트의 입지환경

하듯 이곳은 과거 프라이부르크의 하수가 모이는 습지 형태의 미개발 지역으로, 야생조류가 서식하는 평원이었다. 그러나 1980년대 후반에서 90년대 초의 새로운 주택 수요는 2차 세계대전 이후 집시와 떠돌이들이 모이던 이곳을 새로운 주거단지로 탈바꿈시키는 계기가 되었다.

이곳의 주거단지는 프라이부르크가 속한 바덴뷔르템베르크 주내에서 가장 대규모로 추진되고 있는 개발 프로젝트이다. 리젤펠트는 시가 소유한 전체 면적 320ha(약 97만평) 중 70ha 정도만을 주거단지로 개발하고 있고, 나머지 부분은 자연보존지구로 관리하고 있다. 이 단지의 개발은 외부의 디벨로퍼developer가 아닌, 프라이부르크 시의 별도 기획조직과 주도州都 슈투트가르트의 행정지원 인력 등이 연합된 '리젤펠트 프로젝트 그룹'이 추진하고 있다.

건설시기에 따라 4개 구역으로 구분된 리젤펠트 주거단지의 개발계획은 1994년부터 본격화되었으며, 2010년을 최종 목표연도로 삼고 있다. 이곳에는 자족적인 생활환경의 구축을 위해 2천1백여 명의 학생들을 수용할 수 있는 학교, 1천여 명의 성인을 위한 일자리가 마련되어 있다. 프라이부르크 시 통계에 따르면, 2004년 약 6천명에 불과하던 이곳 거주인구는 2007년 초 7천6백명을 넘겼으며, 2009년 초에는 약 3천4백 가구에 8,845명의 주민이 거주하고 있는 것으로 나타났다. 계획이 완성되는 2010년에는 1만 내지 1만1천명 정도의 주민이 4천2백여 가구에 거주할 것으로 예상된다. 프라이부르크 내에서도 생동감 넘치고 매력적인 지역으로 손꼽히는 리젤펠트는 보봉과 또 다른 주거단지의 모범사례로서 전 세계적으로 주목받고 있다.

## 단지계획의 특징들
### ■ 단지계획을 위한 가이드라인

리젤펠트 주거단지는 1991년과 92년 사이에 시행된 '단지계획 현상설계 town planning competition'의 당선 안을 기초로 하여, 단지계획을 위한 가이드라인을 도출하고 이를 견지하고자 하였다. 이 단지계획을 위한 가이드라인town planning guidelines은 사업시행기간 내내 정책적 기조를 일관성 있게 유지할 수 있도록 한 기본 지침의 성격을 갖는다.

밀도의 측면에 있어서는 5층 이하의 중층형 아파트와 복합주거를 전체의 90% 이상 도입함으로써 고밀의 주거단지가 직조될 수 있도록 하였다. 아울러 단위 건물마다의 형태적 다양성이 자연스럽게 창출되도록 하기 위해 5층 이하의 중층형 공동주택을 위한 획지를 의도적으로 작게 구획하는 전략을 채택하였다. 도시설계urban design 기준은 개발의 대안으로 상정한 4개의 안 가운데 하나를 2년 이내에 취사·선택토록 함으로써, 동시대 개발관행을 수용하면서 '적응형 계획adaptive planning'이 가능토록 하였다.

용도의 측면에 있어서는 단지 내 산업용도지역industrial construction areas의 지정과 용도의 복합화를 통해 천여 개의 일자리를 만들어 냄으로써 단순한 베드타운에 머물지 않도록 하였다. 아울러 주택의 형성에 있어 임대와 개인소유,

2006년 6월의 리젤펠트 주거단지 전경(자료출처: 리젤펠트 홈페이지)

개인융자와 보조금을 받는 주택 등을 동일 환경 내에 혼재시킴으로써, 사회적 혼합과 경관적 다양성 모두를 겨냥하고 있다.

인프라 측면에 있어서는 공공의 기간망과 보행, 그리고 자전거를 중심으로 교통시스템이 운용될 수 있도록 하면서, 개발 초기부터 공공과 민간부문의 기반시설이 효율적으로 뒷받침될 수 있도록 배려하였다. 또한 생태적인 측면에서는 저에너지 주택과 친환경적 인프라설비의 도입과 함께, 인접한 자연보호구역을 효율적으로 유지 관리할 수 있는 방안들을 개발하면서 주민들이 양질의 오픈스페이스를 최대한 향유할 수 있도록 배려하고 있다. 그리고 분할된 획지와 무관하게 중층아파트 단지의 질을 좌우할 수 있는 오픈스페이스를 블록별로 통합하고 연접한 환경과의 물리적 경계를 타파함으로써, 개방적이고 효율적인 단지환경을 창조하고 있다. 아울러 리젤펠트는 무엇보다도 특별히 여성과 가족, 그리고 장애인과 노인계층을 배려하는 '무장애 단지'를 지향하고 있다.

■ 단지계획의 내용과 건축환경

　이곳의 단지계획에서 중추를 이루는 요소는 단지 중앙을 관통하는 간선축인 리젤펠트 앨리rieselfeld alle와 이곳 중심부에 '녹색의 쐐기green wedge' 처럼 박혀있는 인프라시설들이라 할 수 있다. 이중 단지의 중심축인 리젤펠트 앨리는 공공교통인 트램tram과 단지 내 차량교통의 기간망을 이루면서 보행활동의 중심축도 겸하고 있다. 즉, 이 간선축에 면해 70×130m 정도 규모로 구획된 블록에서는 고밀의 복합용도개발이 추진된 반면, 외곽 쪽으로 갈수록 밀도가 약화되는 양상을 보여준다. 아울러 이 간선축에 면하는 지상 보행활동의 활성화를 위하여 여기에 입지하는 건축 용도는 상업과 서비스기능만이 허용되고 있다.

간선축인 리젤펠트 앨리

단지 중심부에 위치한 기간 인프라 환경으로서의 문화센터

　간선축 리젤펠트 앨리의 중심에서 단지 북쪽방향 블록에는 단지 내 기간시설들이 넓은 오픈스페이스를 공유하면서 입지하고 있다. 초, 중, 고등학교 및 스포츠센터, 단지 내 주민센터district meeting center, 종교시설 등과 같은 중심적 콤플렉스 시설이 그것이다. 이는 단지 내 중심성과 접근성, 그리고 시설들의 집적으로 인한 상승효과 등을 겨냥한 산물로서, 리젤펠트 단지의 중심적 이미지를 형성한다.

　이곳 리젤펠트는 프라이부르크의 구도심에서처럼 테두리블록periphery block의 질서를 갖추고 있어, 건물의 외벽이 가로의 파사드facade를 형성하면서 블록 내부와 배면 쪽으로 오픈스페이스가 확보되는 형상을 이루고 있다. 이러한 건축적 질서는 블록 단위가 아니라 주변과 연계된 통합적 고려를 바탕으로 하고 있어, 20여개 이상의 유용한 중정을 확보할 수 있게 하고 있다.

단지 중심부의 학교시설

    이 프로젝트의 성공을 이끈 요인 중의 하나는 작은 단위로 획지를 분할한 점에서도 찾아진다. 리젤펠트 개발과 병행한 마케팅 전략에 있어 1개의 블록을 단일 투자처에 매각하지 않고 5개 내지 10개 투자자에게 나누어 공급하는 방식을 일관되게 취해온 것이다. 이 결과, 다양한 형식과 형태를 갖는 건물들이 각 블록에 입지함으로써 개성적이면서도 조화로운 단지 경관이 창출될 수 있었다.

    리젤펠트 주거단지는 태양광 에너지산업을 비롯하여 청정기능을 갖추고 있는 하이드 산업지구Haid industrial district와 유기적 연결을 모색하고 있다. 이

단지 내 다양한 건축환경

는 리젤펠트가 하이드의 단순한 배후 주거지 역할을 넘어 산업과 주거가 결합된 복합지역으로 성장할 수 있도록 한 조처로 이해된다. 한편, 서로 다른 방향으로 진행되는 2개의 일방통행도로를 기간망으로 하는 단지 내 도로 전 구간에 시속 30km 속도제한 규정을 둠으로써, 단지 내 원활한 접근성과 쾌적 성의 확보라는 양면성 모두를 충족시키고 있다.

■ 생태적 측면과 오픈스페이스
리젤펠트는 개발 초기부터 생태적 측면에 대한 고려를 우선시 해왔다. 오늘날 리젤펠트를 바라보는 호의적인 시선과 성공적인 평판은 총면적 320ha 중 70ha만을 개발하고, 나머지 지역의 생태환경을 적극적으로 보호하고 관리해낸 초기의 원칙으로부터도 찾아질 수 있다. 리젤펠트는 단지의 개발과정에 있어 '주민참여를 통한 자연보호'를 계획 목표에 포함시키고 시민단체와 주민참여체계의 구축을 위한 실질적인 협력 역시 아끼지 않았다. 이 결과, 리젤펠트의 연접지역은 2001년부터 유럽연합의 생물서식처 보호구역인 Natura2000으로 지정될 만큼 양호한 생태환경을 갖추게 되었다.

리젤펠트의 건축환경 역시, 에너지절약형 건물들이 대부분이다. 개발 초기 리젤펠트는 이곳에 입지할 건축의 환경기준으로, 일반가정의 220kWh/㎡와 비교할 때 30% 수준에 불과한 65kWh/㎡ 이하의 지표를 준수토록 하였다. 즉, 리젤펠트에 건설된 초기주택은 에너지 저감대책을 제시해야만 건

태양에너지를 사용하고 있는 리젤펠트의 주택들

축허가를 내준 것이다. 이 기준은 수년에 걸친 개발과정상의 경험을 바탕으로 강제가 아닌 협의조정의 방식으로 완화되기도 하였으나, 에너지절약을 독려하는 다양한 지원체계를 통해 이곳의 주택은 대부분 외부 에너지가 불필요한 이른바 '패시브하우스' 개념으로 지어졌다. 태양열 건축을 위해서 15퍼센트 이상 상승된 건축비는 시정부가 장기저리 금융으로 지원하였으며, 이는 결과적으로 85퍼센트의 에너지 절감효과로 나타났다.

리젤펠트는 기후변화를 고려한 일관성 있는 물 관리계획도 실천하고 있다. 개발 초기부터 단지 전체의 우수처리시스템을 계획하였고, 각 블록들이 이러한 기반시설 위에서 각각의 생태주거계획기준을 충족하는 형태로 사업을 추진케 하였다. 우수의 효율적 이용과 자연배수를 이용하는 물 관리계획은 모든 지표면과 지붕의 우수를 관과 개울을 통해 수집하고 이를 다시 단지

1,2 _ 리젤펠트 단지 내부의 물길
3 _ 단지 외곽의 물길

의 서쪽지역으로 모이도록 하는 방식으로 체계화되어 있으며, 이들 시설을
활용하여 단지의 녹화를 꾀하기도 하였다. 그리고 리젤펠트라는 지명을 단
지의 명칭으로 계속 사용하는 것에서도 알 수 있듯, 이 지역의 수로들은 지
역의 역사성을 유지하고 전승시키는 환경요소로 적극 이용되고 있다. 즉, 다
양한 어류가 서식하는 작은 하천을 단지 내에 보전한 결과, 산뜻한 주거단지
와 철새가 찾아오는 생태보전지역이 공존할 수 있었다.

리젤펠트는 인접한 자연환경의 보전과 효율적인 활용을 위해 다음과 같은 조치들을 시행하고 있다. 우선 자연보호지역으로 지정된 환경은 어린이를 위한 자연학습장으로 이용하면서 비오톱biotope 환경을 강화하고 역사적으로 남아있던 과수지역을 보존, 활용하고 있다. 그리고 주거단지와 자연보호지역은 외곽 쪽에서 몇 개의 체험로experience nature path만을 통해 우회적으로 연결되도록 함으로써 환경적 부담을 덜면서 개울과 시내가 원활히 흐를 수 있도록 정비하고 있다. 또한 자연보호지역의 접근을 제한할 수 있도록 25m 폭의 버퍼존buffer zone 지역을 확보하고 있으며, 자연보호지역에 우수정화시설을 설치해 단지의 우수가 집결되고 침투되는 것을 방지하면서, 토착 조류의 보호를 위해 이 지역의 많은 부분은 인공적으로 습한 상태로 유지하고 있다.

단지와 인접한 자연환경보존지역

■ 사회, 문화적 환경

리젤펠트는 보봉Vauban과 달리, 차량 보유 여부와 거주비용을 결부시키지 않으며, 오히려 모든 주택에 주차장 설치를 의무화하고 있다. 그러나 도시기능의 집중과 복합화를 통한 '단거리 도시city of short distance' 혹은 '압축도시'를 지향하면서, 대중교통체계를 한 눈에 파악할 수 있도록 단순화하고 있다. 단지개발의 초기단계부터 리젤펠트는 지역사회를 풍요롭게 하는 구심적 환경이면서 마케팅 측면에서도 중요한 요소인 사회문화적 인프라환경을 확충하기 위해 힘써왔다. 초등학교와 김나지움을 비롯한 다양한 학교시설들, 스포츠 홀, 어린이와 유년을 위한 놀이공간들과 젊은이와 청년을 위한 지역사회 교류센터, 교회, 쇼핑시설, 민간 서비스시설, 소방서 등이 대표적인 환경으로, 이러한 인프라시설들은 1997년부터 프라이부르크 도심까지 연장된 트램tram 및 공공교통과 유기적으로 연계되고 있다.

중앙광장에서 마주친 방과 후의 어린이들

또한 리젤펠트는 약자를 위한 '무장애'의 공간을 지향한다. 즉 가족, 여성, 아이들에게 안전한 단지환경을 조성하기 위해 도시공간 전체에서 장애

물을 배제하고 있는 것이다. 예를 들어 유모차나 휠체어, 그리고 자전거의 이동에 장애가 없도록 하기 위해 주택의 1층만이 아니라 건널목, 경사램프, 엘리베이터, 주차장 등 거의 모든 공간을 '무장애 환경'으로 만들고 있다. 리젤펠트는 이를 위해 '도시와 여성Stadt und Frau'이라는 모델 프로젝트를 진행하기도 하였으며, 어린이시설이나 학교로 이동하는 도로에 안전방지턱과 차량교통 차단시설 등을 설치하면서 자전거도로 체계를 강화하고 있다.

물론 상기의 정책들은 공공기관과 전문가, 시민단체그룹, 시민대표 등이 다양한 협의체를 통해 꾸준히 논의해온 산물이다. 이렇듯 리젤펠트는 지역에 있어온 기억을 소중히 보존하면서 친환경주거단지를 위해 기안했던 목표를 성실히 달성해내고 있다. 높은 밀도를 유지하면서도 도시적 삶의 질을 확보하기 위해 노력하는 것, 그리고 우수한 생태환경을 보유하는 에너지절약형 도시를 지향하는 점들은 그들의 모태도시인 프라이부르크 및 경쟁적 단지인 보봉Vauban과 닮아있다. 특히 임대와 일반 소유의 주거환경을 분리하지 않은 채, 한 건물에 공존시킴으로써 계층 간의 단절가능성을 사전에 방지하는 모습은 이웃을 잊고 사는 오늘날의 우리들에게 시사하는 바가 크다고 하겠다.

## 리젤펠트의 장소환경

### ■ 단지경계부

리젤펠트 생태주거단지와 자연보호지역의 사이에는 낮은 높이의 투시형 담장만이 둘러쳐져 있다. 시야와 공기의 흐름을 방해하는 시설이 거의 전무한 상태에서 야생의 환경과 생태주거단지가 상호 교감을 나누며 공존하고 있는 것이다. 반면, 생태주거단지 내 경계 쪽으로는 조깅과 산책을 위한 도로가 연속되면서 주민들이 모이거나 휴식을 취할 수 있는 장소가 곳곳에 마련되어 있다. 이 길을 따라 어린 아이를 유모차에 태운 채 조깅을 하는 젊은 아버지,

자연보존지역 쪽으로의 단지 경계부 경관

1, 2 _ 경계부에서의 다양한 활동
3 _ 경계부의 도로와 단지 내 도로가 만나
는 결절부에 마련된 작은 휴게공간
4 _ 단지 외곽의 사과나무 가로수 길과 자
전거도로. 이 길을 통해 생태동물원 문덴
호프와 연결된다.

자전거 하이킹을 나가는 학생 등이 발견된다. 한편, 시가 관리하는 생태동물
원 문덴호프 방향으로의 경계부쪽에는 사과나무 가로수 길이 길게 형성되어
가을날의 정취를 더하고 있으며, 그 바깥쪽으로 Natra2000의 보존지구가 드
넓게 전개된다.

■ 근린센터 주변

　리젤펠트 생태주거단지의 중심공간에는 이 단지를 지탱하는 중추적 기간시설들이 집적되어 있다. 그중에서도 중심이 되는 시설은 근린문화시설로서, 이 복합건물은 주변의 초등학교와 중학교, 교회 등 공공적 시설들을 지원하면서 주민들의 교류를 촉진한다.

광장 내의 작은 분수

광장 옆의 교회

　근린문화센터 전면부에 마련된 넓은 중심광장에는 다양한 사회적 활동이 수용된다. 광장바닥에는 작은 바닥분수가 설치되어 있으며, 때에 따라 수증기를 발산하면서 호기심을 자극한다. 구도심에서 살펴본 뮌스터 대성당의 광장에서처럼 광장 한 켠에서는 요일에 따라 지역의 농부들이 직접 생산한 야

중앙 광장부의 측면

문화센터에서의 행사준비

채와 과일 등을 판매하기도 한다. 지역의 축제가 가까워오는 시점, 광장 한편에서 행사를 준비하는 자원봉사자의 손길이 분주하기도 하다.

■ 레저에어리어 Wald3eck

이 주거단지의 서남쪽 끝부분에 위치하고 있는 곳으로, 인공적인 축산으로 내부를 위요하고 있어 안정된 분위기를 제공한다. 중심부분에는 스케이트보드를 위한 X-게임시설이 무대형식으로 설치되어 있어 단지 내 청소년들이 즐겨 찾는다. 둔덕에 누워 책을 읽거나 선탠을 하는 주민들도 많이 눈에 띈다.

레저에어리어의 경관과 활동

■ 단지 내부 녹지축

　리젤펠트 앨리는 트램tram 라인이 부설되어 있는 단지의 간선축이다. 리젤펠트를 지원하는 트램 5호선은 단지 내 모든 주민의 접근성을 높이기 위해 단지의 끝부분까지 와서 회차하고 있다. 트램 정류장 및 다른 도로와 교차 접속되는 부분을 제외한 거의 대부분의 선로공간에는 녹지가 적극적으로 도입되어 있으며, 전기를 공급하는 선로변 기둥 밑 부분마다 덩굴식물을 식재하여 '녹색의 기둥'이 연출되고 있다.

단지 내부의 간선축 리젤펠트 앨리의 모습

단지의 종점부를 이루는 트램 회차 부분의 녹지. 녹색의기둥이 보인다.

　주 간선교통축인 리젤펠트 앨리와 별도로 이곳의 특징인 개울을 활용하여 단지
내부를 관통하는 보행 위주의 녹지축이 구성되어 있다. 이중 한곳에서는 물이 모
이는 저습지를 중심으로 주민들이 회합할 수 있는 사회적 교류공간을 확보하면서,
저습지 환경과 어울리는 수변 또는 수생식생을 도입하여 비오톱 환경을 구축하고
있다. 단순하고 정적인 녹지환경 주변으로는 다양한 주거환경이 둘러서 있다.

■ 주거지 내부 환경들

　주거단지 내부에서 보행자와 자동차들이 상충될 수 있는 부분에는 거친 질
감의 포장을 도입함으로써 운전자의 주의를 일깨우고 있다. 또한, 거칠게 다

1 _ 저습지를 활용한 단지
내 휴게공간
2, 3 _ 단지 내 놀이용 도
로환경들
4, 5, 6, 7 _ 어린이놀이터
를 비롯한 소공간들과 주
민이 만든 시설들

들은 돌을 경계재료로 사용하면서 개별 주차장으로 접근하는 부분의 목을 좁
혀 더욱 주의케 하는 세심함도 보인다. 거칠게 다듬어 경계부분에 놓여있는
돌들은 생태주거단지의 하부식생환경과 잘 어울리면서, 잠시 휴식을 취하거
나 차량 통행을 제어하는 효과도 달성하고 있다.

한편, 단지 내 곳곳에서 발견되는 소공간들은 보봉에서와 같이 주민들이
몸소 만들고 가꾼 것들이 대부분이다. 작은 놀이시설에서부터 암벽타기용 시
설에 이르기까지 근린사회에 대한 정성이 담긴 친환경적인 시설물들은 지역
사회의 정취를 풍부하게 하고 있다.

다섯번째,

# 환경요소들

프라이부르크의 도시수로와 모자이크포
장과 같은 요소들은 과거의 전통이 오늘
날까지 이어져온 산물로서, 속도와 긴장
감 속에 하루하루를 살아가는 현대인들
이 망각하고 있던 가치를 새롭게 일깨워준다. 따라서 상시 마주치는 일상의 공
간은 특별한 감동을 제공하는 장소로서 전환되며, 이들 요소는 도시의 개성과
분위기를 남다르게 하면서 프라이부르크라는 도시의 경쟁력을 끌어올리는 데
에 핵심적 역할을 수행한다. 이렇듯 프라이부르크를 프라이부르크답게 만드는
매개체인 이들 환경요소는 전통적 가치를 조화시켜 나가는 이 도시의 정체성
을 대변하는 장치라 할 만하다.

## ✤ 개괄

　사람들은 작은 것에서 무한한 감동을 받기도 한다. 데이트 할 때 전해 받은 작은 손수건, 생일날의 꽃 몇 송이, 힘들 때 도착한 몇 글자의 문자메시지 등이 인생 전반에 걸쳐 잊을 수 없는 기억으로 남기도 하는 것이다. 이는 인생사 매사에 있어 크고, 비싸고, 많은 것만이 능사가 아니라는 것을, 그 보다는 '적재적소適材適所'라는 타이밍이 더욱 중요할 수 있음을 웅변하는 사례라 할 수 있다.

　이러한 측면은 도시라는 생활환경 속에서도 재현된다. 새로운 도시를 방문한 관광객은 거대하고 신기하고 새로운 풍물에 눈을 빼앗기기 마련이나, 그 도시에 대한 총체적 인상은 오히려 하찮은 것에 의해 좌우되는 경우가 많다. 거리에서 맛본 아이스크림, 길을 알려준 행인의 친절, 지하철 내부의 청소 상태처럼 소소한 것들이 때론 오래도록 뇌리에 남아 그 도시의 인상을 결정케 하는 척도가 되기도 하는 것이다. 이러한 까닭에 도시의 일상에서 무심히 마주치게 되는 환경요소는 그 도시의 개성을 작은 소리로 웅변하고 있는 장치물이라 할 것이다.

　유럽의 많은 도시들은 너나 할 것 없이 아름답다. 교회나 성당을 중심으로 인형의 집처럼 도열한 건물들, 건물의 창틀 가득 장식된 꽃 등으로 대표되는 '유럽풍'의 정경들은 거의 모든 도시에서 공통적으로 발견된다. 그런데 프라이부르크는 유럽풍의 도시들 중에서도 사뭇 다른 분위기를 자랑하면서 도시 관광분야에서도 앞서 가고 있다. 그 경쟁력은 과연 무엇일까?

　물론, 프라이부르크에는 '기독교 세계에서 가장 멋있는 탑'으로 칭송받는 뮌스터 대성당뿐만 아니라 앞서 언급한 많은 장소환경들이 빛나고 있다. 그러나 일반 대중에게 프라이부르크의 경쟁력을 각인시키는 일등공신은 막상 간과되기 쉬운 도시의 일상 속에 살아 숨 쉬는 환경요소들이라 할 수 있을 것 같다. 도시의 골목을 흐르는 작은 수로 베힐레Bächle, 아름다운 문양으로 반짝이는 포장패턴과 간판들은 이 도시를 특별하게 하는 일상의 환경요소들이다.

이들 요소는 과거의 전통이 오늘날까지 이어져온 산물로서, 속도와 긴장감 속에 하루하루를 살아가는 현대인들이 망각하고 있던 가치를 새롭게 일깨워준다. 따라서 상시 마주치는 일상의 공간은 특별한 감동을 제공하는 장소로서 전환된다. 또한 이들 요소는 도시의 개성과 분위기를 남다르게 하면서 프라이부르크라는 도시의 경쟁력을 끌어올리는 데에 핵심적 역할을 수행한다. 이렇듯 프라이부르크를 프라이부르크답게 만드는 매개체인 이들 환경요소는 전통적 가치를 조화시켜 나가는 이 도시의 정체성을 대변하는 장치라 할 만하다.


## ✤ 수경요소: 간선수로와 베힐레

### 물의 도시 프라이부르크

프라이부르크 관광안내서의 첫머리에는 "베니스가 운하의 도시라면, 이곳은 베힐레Bächle의 도시다"라는 어구가 관용구처럼 등장한다. 베힐레는 프라이부르크 구도심의 곳곳을 흐르는 작은 인공수로를 가리킨다. 프라이부르크 구도심의 물길을 지칭하는 '베힐레Bächle'라는 명칭은 시냇물을 의미하는 바흐Bach의 복수명칭인 '베헤Bäche'로부터 유래되었다고 한다.

과거 중세시기에는 유럽의 많은 도시들이 인공적인 물길을 도시 한가운데까지 연결하곤 했다. 그렇지만 상하수도가 정비된 오늘날, 거의 대부분의 물길들은 흔적도 없이 사라져 버렸다. 끈질긴 생명력으로 살아남은 프라이부르크의 물길 베힐레는 그래서 더욱 돋보인다. 현재 베힐레가 남아있는 도시는 프라이부르크가 거의 유일하며, 규모와 수량 면에서도 비교 대상을 찾을 수 없다.

1 _ 베힐레를 소개하는 안내서의 표지. 베힐레의 유래와 그 경로 상에 위치한 역사적 환경들을 자세하게 소개하고 있다(자료출처: Joachim Scheck & Magdalena Zeller(2008))
2 _ 베힐레의 입지와 주변의 정경들을 보여주는 우편엽서
3 _ 베힐레와 주변의 관광자원을 연계시키고 있는 지도(자료출처: FWTM, Bächle, Brunnen und Kanäle)

무엇보다 도시의 발전과 함께 한 베힐레는 이 도시의 인상을 좌우한다는 점에서, 프라이부르크의 대표적인 상징적 환경으로 꼽히고 있다. 또 이 때문에 도시마케팅 요소로도 적극 활용되고 있다. 프라이부르크의 홈페이지를 비롯한 각종 관광안내정보에 '베힐레'에 대한 소개가 빠지는 법이 없고, 심지어 관광객들이 이 경로를 따라 여행할 수 있도록 관련 프로그램과 안내서까지 마련되어 있다. 한편, 중세도시 때의 물길을 간직한 프라이부르크에는 베힐레보다 큰 규모로서 게베어베카날Gewerbeknäle로 지칭되는 간선수로의 관개시스템 역시 유지되고 있다.

## 도시의 관개시스템과 간선수로

### ■ 관개시스템과 분수

프라이부르크는 중세도시 때의 관개시스 템을 활용하고 있다. 구도심의 곳곳을 흐르 는 수로들을 베힐레Bächle라고 통칭하는 경우 가 많으나, 엄밀히 구분하면 간선수로인 게 베어베카날Gewerbeknäle과 이에 비해 훨씬 작 은 규모의 인공수로인 베힐레Bächle로 구분한

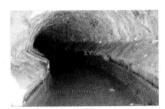

드라이잠의 강물을 구도심지역으로 도입하기 위한 지하 연결장치(자료출처: FWTM, Bächle, Brunnen und Kanäle)

다. 이들은 모두 드라이잠Dreisam 강물을 도시 내로 끌어들인 환경으로서, 이를 위하여 도입부분에 지하 굴착수로가 만들어지기도 하였으며, 이렇게 받아들 인 물은 도심의 경사를 따라 특별한 장치 없이 흐르고 있다.

옛날부터 프라이부르크는 도시 내로 끌어들인 드라이잠 강물을 이용하여 도심 곳곳에 아름다운 분수들을 만들어 왔다. 그리고 1305년경부터는 분수 와 관개분야의 최고기술자를 '하인리히 데어 브룬네 마이스터Heinrich der Brunnenmeister'라는 명칭으로 부르며 특별히 존경해왔다. 15세기 프라이부르 크의 물 공급시스템은 다른 도시의 연못에 문제가 있을 때, 이곳의 장인에게

도움을 청할 정도로 우 수하였다고 한다. 또한 16세기에는 개인 소유 의 분수가 만들어지기 시작하여 1535년 이 도 시에는 20개의 공공분 수와 11개의 개인분수 가 있었다는 기록이 전

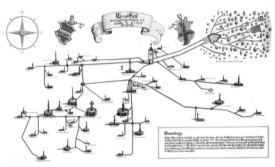

중세시기 프라이부르크 시내에 위치하였던 분수의 계통도(자료출처: FWTM, Bächle, Brunnen und Kanäle)

해진다. 도시의 성장과 함께 분수를 즐기는 사람들도 증가하여 1720년에는 총 47개의 분수가 이 도시에 있었던 것으로 기록되어 있다.

당시 분수의 설비는 다이첼Deichel이라고 불리는 나무로 만든 관을 사용하였으나, 나무의 부산물로 인해 자주 막히는 폐단이 있었다고 한다. 16세기 경에는 점토관으로 부분적으로 대체되기도 하였으나, 수압에 의해 자주 파괴되는 등 분수의 운용은 그야말로 쉬운 일이 아니었다. 1837년에서 1843년 사이가 되어서야 비로소, 나무로 만든 관이 철을 사용한 재료로 바뀌게 되어 설비방식에 있어 큰 진전이 있었다. 그러나 아직도 이곳 프라이부르크에서는 피쉬 브룬넨, 오버린덴 브룬넨처럼 옛날부터 전해져오고 있는 아름다운 분수들을 일상의 생활공간에서 만날 수 있다.

### ■ 간선수로와 그 기능

간선수로의 물을 받아들이는 장소(자료 출처: Joachim Scheck & Magdalena Zeller(2008))

프라이부르크의 간선수로를 과거에는 뮐레바흐Mühle-bach라고 불렀었다. 제분소나 물레방아간, 제분기 등을 의미하는 '뮐레Mühle'라는 용어를 통해 과거 이 간선수로의 기능을 어느 정도 짐작할 수 있다. 간선수로의 물은 프라이

부르크 도심에서 동쪽으로 2km 정도 떨어진 '잔트팡Sandfang'이라는 드라이
잠 강변지역에서 시작된다. 오늘날 '카날Knäle'로 약칭되는 간선수로는 이곳
에서부터 슐로스베르크Schlossberg산 쪽을 지나 도심 쪽으로 흘러들어간다. 중

세시대 때 간선수로는 프라이부르크의 동문인 슈바벤토어Schwabentor가 있는 곳에서 두 방향으로 분리되었다가 300m 정도 흐른 후에 다시 합류하였었다. 이로 인해 '섬'을 의미하는 인젤Insel이라는 지명이 오늘날까지 이곳에 전해지고 있다. 또한 이 간선수로는 다시 피셔라우Fischerau 지역에서 두 갈래로 나누어져 한 가지는 북쪽으로, 다른 하나는 서쪽으로 흐른다.

간선수로를 의미하는 게베어베카날Gewerbeknäle이라는 용어가 문서상에서 가장 오래된 기록은 1220년경으로 거슬러 올라간다. 이것은 이 간선수로가 11세기 말 해자의 기능으로 만들어진 것이라는 추정에 신빙성을 더하게 한다. 이러한 이유로 간선수로는 이 도시를 있게 한 선조들에 의해 1091년 정도에 만들어진 것으로 추측되고 있다. 시간이 지나 시가 번성하면서 이 간선수로는 잡은 물고기를 신선하게 보관하는 용도로 변용되기도 하였다.

한편, 오늘날에는 이 간선수로가 관광객의 시선을 사로잡는 용도로서 뿐만 아니라, 에너지를 창출하는 용도로도 활용된다. 즉, 프라이부르크의 간선수로 카날에는 7개의 소수력발전과 1개의 종합발전시설이 설치되어 있어 약 204kw의 전기를 생산한다. 아울러 이 간선수로는 도시 내 넓게 펼쳐진 잔디밭, 그리고 철도길 및 간선도로변 녹지에 물을 제공하는 관개수로로서 기능하기도 한다. 이러한 기술은 이미 8세기에서 9세기경에 사용되기 시작한 오래된 전통에 의지하고 있는 것이다.

■ 간선수로 주변의 정경들

드라이잠 강으로부터 도심을 통과하는 간선수로 구간 중, 슐로스베르크 산 남측의 인입부분과 도심을 지나온 퇴수부분처럼 외곽지역의 카날은 도시 내의 배수로 정도로만 인식되면서 별다른 감흥을 전해주지 못한다. 반면, 도심 쪽에 들어온 수로는 인접한 환경과 적극적으로 소통하며 교호하는 까닭에,

1_ 드라이잠 강으로부터 도심으로 향하는 간선수로의 도입부
2, 3_ 도심을 지나온 간선수로의 퇴수부분
4, 5_ 인젤 지역의 악어. 나일 강에서 온 것이 아니라 인근의 건물주가 만든 것
이라고 장난스럽게 공지하고 있다.

시가지의 분위기를 밝게 하는 기폭제가 된다. 예를 들어, 레스토랑과 상점이
밀접해 있으며, 과거의 모습을 잘 보존하고 있는 인젤Insel지역의 수로에는 돌
로 만든 악어가 고개를 들고 있다. 그리고 이 조형요소 옆에는, 이 악어가 나
일 강에서 온 것이 아니라 인접한 건물주가 시설한 것이라는 장난스러운 공
지내용이 붙어있고, 악어의 등 부분과 주변으로는 동전들이 반짝이며 흩어져
있다. 길을 가던 관광객은 잠시 멈춰 미소 지으며 카메라 초점을 맞추고, 주
변 카페에서 이들을 바라보는 눈길은 정답기만 하다.

피셔라우 지역의 간선수로, 언뜻 보면 베니스에서 마주치게 되는 작은 운하와 닮아 있다

또한 피셔라우Fischerau 지역의 간선수로는 인접한 보도의 높이와 크게 차이 나지 않는 수위로 인해 더욱 친근감을 제공하며, 상업 활동을 촉진한다. 힘차게 흐르는 간선수로 변으로 경관을 저해하지 않는 안전시설을 확보한 채 야외카페가 들어서 있으며, 패션fashion관련 업종이 성업 중이다. 언뜻 보면 베니스에서 마주치게 되는 크지 않은 운하와 닮아있다.

한편, 간선수로 상에 위치한 발선시설은 주로 낙차를 이용하여 이루어시고 있으나, 작동원리나 전체적인 면모를 파악하기는 쉽지가 않다. 구도심의 번잡한 상업지구를 빠져나온 물길은 프라이부르크 대학을 관통하면서 다시 드라이잠 강으로의 긴 여로를 준비한다.

간선수로의 낙차를 이용한 소수력 발전시설

구도심에 위치한 프라이부르크 대학 쪽의 간선수로

## 도시수로 베힐레

■ 베힐레의 역사와 개요

베힐레와 관련된 역사는
세부적으로 알려지지 않고
있다. 그러나 이곳 도미니
칸 수도원의 자료는 1238년
당시 운터린덴Unterlinden 근
처에 있던 베힐레의 상황을
전하고 있다. 이러한 자료
에 근거하여 프라이부르크

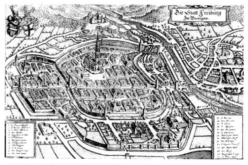

1634년 프라이부르크 베힐레의 상황을 보여주는 시가지도(자료출처: FWTM,
Bächle, Brunnen und Kanäle)

의 베힐레는 12세기경 도시의 건설과 함께 만들어진 것으로 추측되고 있다.

드라이잠 강으로부터 발원하는 베힐레의 물길은 구도심의 최고점인 동쪽
문 슈바벤토어Schwabentor에서 약 500미터 거리의 간선수로를 따라서 슐로스

베힐레의 청소

베르크Schlossbergs 산 밑쪽으로 흐른다.
원래는 개방되었던 이 수로는 군사적
이유에 의해 1677년 복개되었다고 한
다. 오늘날 프라이부르크 내 베힐레의
길이는 총 9.1km로서, 이중 3분의 2 정
도는 개방된 반면 나머지는 땅속에 묻
혀 있다. 베힐레에 물이 제대로 흐르기
위해서는 1분 동안 약 250리터의 수량
이 공급되어야 한다고 알려져 있다.

프라이부르크의 베힐레 중 가장 깊고
넓은 곳은 오버린덴Oberlinden 인근의 헤
렌슈트라세Herrenstraße의 가로구간이다.

이곳의 베힐레는 넓이 108cm, 깊이 61cm 정도로 제법 규모가 큰 반면, 버터 가세Buttergasse의 것은 폭 35cm, 깊이 18cm 정도로 매우 앙증맞은 규모이다.

한편, 베힐레의 노선 상에는 142개의 미닫이 장치가 있어서 물을 흐르지 않게 할 수 있다. 아울러 칸막이 장치의 끝부분에는 쓰레기를 거를 수 있는 갈퀴와 침전장치가 있으며, 이를 이용해 물이 넘치지 않도록 하고 있다. 프라이부르크에서는 매년 10월달에 약 2주 동안 베힐레와 간선수로에 물을 흘리시 않고 청소를 실시하면서 보완사항을 체크한다. 프라이부르크의 베힐레 청소부는 독일에서 하나밖에 없는 직업인으로서 관광객들과 마주친다.

■ 베힐레의 기능

오래전 베힐레는 우리의 청계천과 마찬가지로 도시의 하수뿐만 아니라, 본의 아니게 오물의 처리도 담당한 적이 있어 보인다. 이로 인한 폐해는 1529년부터 1535년까지 프라이부르크에서 생활하였던 인류학자 에라스무스 폰 로테르담Erasmus von Rotterdam(1466~1536)에 의해 다음과 같이 묘사되기도 하였다.

과거 하수처리를 담당해야 했던 베힐레의 불결함을 고발하는 그림(자료출처: FWTM, Bächle, Brunnen und Kanäle)

*"여기에는 크나 큰 불결함이 존재한다. 이 도시의 모든 길에는 인간의 손으로 만든 시냇물이 흐른다. 이 물은 어부와 가축업자가 다듬어 피로 범벅된 쓰레기, 요리하다가 발생된 잔여물, 모든 집의 먼지와 배설물들을 모두 받아들인다. 시민들은 이 물로 행주와 와인 잔, 더 나아가 냄비를 씻기도 한다."*

이러한 비위생적인 환경을 개선하기 위해 프라이부르크에 규칙들이 생기기 시작했다. 1399년 베힐레에 쓰레기를 투기하는 행위가 금지되었으며, 1473년

이 규칙이 다시금 보강되었다. 그리고 간선수로에서는 1544년에 "우리 중 누구라도 집이나 직장에서 돌, 보리, 머리카락, 찌꺼기 등을 이곳에 버리는 사람은 벌금으로 10실링 페니를 내게 될 것이다"라는 규칙이 시행되기도 하였다.

베힐레가 수행한 긍정적 역할 중 하나로, 특히 화재 예방의 기능을 꼽을 수 있다. 좁은 길을 공유하며 많은 목조건축이 들어선 이 도시에서 베힐레는 화재를 예방하는 요긴한 존재였다. 이런 이유로 베힐레의 물이 모이는 오버린덴Oberlinden의 주민들에게는 화재진압에 필요한 물을 주변에 비축해야만 하

베힐레에서의 비둘기들의 목욕

는 의무가 이미 오래 전부터 부과되고 있었다. 그동안 프라이부르크에 큰 화재가 없었던 이유 중 하나가 이 베힐레의 보이지 않는 힘이라고 할만하다. 제2차 세계대전이 한창이던 1944년 11월 27일, 프라이부르크가 폭격을 받은 날의 밤에도 베힐레가 큰 몫을 한 것으로 알려진다. 즉, 간선수로가 많은 폭격을 받았음에도 불구하고 많은 물들이 구시가지로 흘러들어가 화재의 확산이 방지될 수 있었으며, 특히 역사적 장소인 오버린덴Oberlinden과 뮌스터Münster 대성당의 화재를 막을 수 있었다고 한다.

이 뿐만 아니라 관광객의 발을 시원하게 해주는 베힐레는 더운 여름날, 도시에 신선한 물을 제공함으로써 도시의 온도를 낮추는 천연에어컨의 역할을 수행한다. 또한 베힐레는 전동차가 다니는 구도심에서 활동영역을 구분할 뿐만 아니라, 생동감과 호기심을 자극해 관광객들을 불러 모으고 도시의 조류에겐 휴식처를 제공한다. 이러한 역할들과 함께 프라이부르크의 베힐레는 무엇보다도 도시의 정체성을 형성하는 강력한 자원으로서 시민의 정서를 묶어주고 있다.

### ■ 베힐레의 재건과정

그들의 베힐레를 자랑스럽게 여겨온 프라이부르크 시민들은 세계대전 이후의 도시재건과정에 있어서도 이를 유지하기 위해 큰 노력을 기울였다. 전쟁으로 인한 참담한 폐허 속에서도 어렵고 힘이 더들지만 베힐레와 도시를 함께 재건

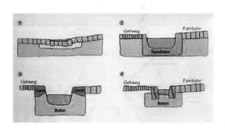

베힐레 단면구조의 변화과정(범례: ①12세기경 / ②19세기 중엽 / ③19~20세기 사이 / ④오늘날, 자료출처: FWTM, Bächle, Brunnen und Kanäle)

한 것이다. 이러한 노력으로 인해 베힐레의 물은 1950년대 초반부터 다시 흐르게 되었다.

그러나 구도심이 보행자전용구역으로 탈바꿈하기 이전 시기의 베힐레는 도시교통에 많은 문제를 야기한다는 이유로 비판의 대상이 되기도 하였다. 차량교통과 상충이 본격화된 19세기 말엽, 평평한 도랑 형태의 배수구였던 당초의 베힐레는 부분적으로 길의 외곽 쪽으로 미루어지거나 수도관으로 대치되어야만 했다. 이 과정을 거치며 베힐레의 구조는 좀 더 깊어지면서 콘크리트 구체에 거친 표면을 갖는 구조로 변모하게 되었다.

또한 프라이부르크에 자동차가 늘어나면서 아예 베힐레 위에 뚜껑을 달아 자동차가 달릴 수 있도록 한 경우도 있었다. 하지만 시간이 지나면서 베힐레를 살리자는 움직임도 일어나게 된다. 1973년 시내 중심가에 차량통행이 금지되고 전차tram만이 다닐 수 있게 되자 물길은 다시 살아났다. 뚜껑을 철거하고 오래된 바닥을 바꾸고 무너진 곳을 교체하는 작업을 거쳐 베힐레는 천년의 역사를 가진 명물로 되살아나게 되었다. 이제는 더 이상 화재진압용 물을 공급할 필요도 없고 쓰레기를 운반할 필요도 없지만 '용도폐기' 되었던 베힐레는 오늘날 프라이부르크에서 관광객을 불러 모으는 효자 역할을 톡톡히 하고 있다.

■ 베힐레로 인한 정경들
도심 곳곳을 연결하는 트램 선로와 함께 프라이부르크의 대표적인 선형 요소인 베힐레는 아이들에게 인기 만점인 곳이다. 발목 높이 정도까지 찰랑찰랑 흐르는 얕은 물길을 따라 부모의 손을 잡고 거니는 아이들의 모습은 프라이부르크에 생기를 더해주고, 감성적 소재인 물 요소가 반짝이면서 구도심 곳곳을 관통하는 정경은 이 도시의 경관을 한층 풍요롭게 해준다.
프라이부르크의 베힐레는 넓은 폭원의 것이라 하더라도 한 걸음에 건널 수 있는 스케일이기 때문에 안전문제로부터 자유롭다. 베힐레로 인한 안전문제

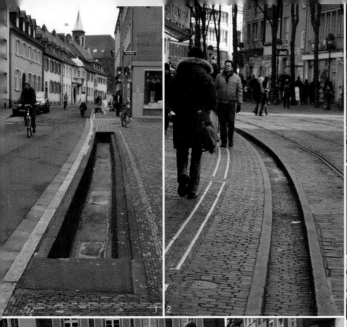

1, 2 _ 겨울에 물이 빠지고 난 후의 베힐레
3 _ 베힐레에서 손을 씻는 청년
4, 5 _ 베힐레를 따라 걷는 도심 산책

가 제기된 적은 이제까지 단 한차례에 불과했다고 한다. 1960년대 아델하우
서 스트라세에 있는 베힐레에서 넘어져 다리가 부러진 남자가 시에 소송을
제기한 사건이 그것이다. 이때의 판결은 "프라이부르크에 상주하는 사람이
라면 베힐레의 존재를 알아차려 마땅히 스스로 조심했어야 한다"라고 하여
피해자에게 일부 책임을 부과하였다고 한다.

1 _ 베힐레의 맑은 물이 투영하는 바닥포장
2 _ 베힐레에서 어린아이들이 갖고 놀 장난감 배를 판매하는 상술
3,4 _ 주 간선도로에서 베힐레가 창조하는 다양한 도시이미지들

4

5, 6 _ 여름철 베힐레에
서 노는 아이들
7 _ 베힐레에 발을 담그
고 데이트를 즐기고 있
는 연인들
8 _ 베힐레를 사진에 담
기 위한 관광객의 노력

구도심을 벗어나 신개발지 프라이부르크 메세에서 발견되는 베힐레의 진화. 이 환경을 있게 한 여러 사람들과 단체를 기억시키는 수단으로 만들어져 있다.

시민의 안전을 크게 위협하지 않는 베힐레는 오히려 물에 빠지는 해프닝을 아름다운 추억으로 전환시켜 준다. 즉, 베힐레에 빠지는 여행객은 프라이부르크 처녀와 사랑을 이루게 된다는 이야기가 구전처럼 전해지고 있다. 이렇게 프라이부르크의 베힐레는 시민의 마음에 흐르는 물길로 도시의 매력적인 정체성을 형성하고, 프라이부르크를 다른 도시와 구분 짓는 큰 역할을 하고 있다.

이제 베힐레에 물이 흐르지 않는 프라이부르크의 겨울철은 더욱 을씨년스럽게 느껴진다. 또한 베힐레는 과거로부터 내려온 환경요소라는 차원을 넘어, 새롭게 진화하고 있다. 예를 들어 프라이부르크 메세의 외부공간에서 발견되는 새로운 베힐레는 이 환경을 있게 한 여러 사람들과 단체를 기억시키는 수단이 될 뿐만 아니라, 과거의 전통을 미래로 연결시키는 장치로서 느껴진다.

라인 강 지류인 드라이잠 강의 차가운 물이 도심을 가로질러 여기저기 흐르는 모습, 여름철 한 낮에 옷을 벗어던진 채 베힐레를 넘나드는 아이들의 함박웃음소리, 시원하게 맥주를 담가두고 오순도순 모여 앉아 이를 즐기는 시민들의 모습은 프라이부르크라는 도시의 풍요로운 정경으로 방문객의 뇌리 속에 오래도록 남게 된다.

# ❧ 바닥환경: 모자이크 포장

### 프라이부르크와 포장환경

유럽의 많은 도시들에서처럼 프라이부르크의 바닥포장 역시, 석재를 기본
재료로 한다. 특히 자동차가 다니지 않는 구도심의 지면은 석재 일색이다.
일반적으로 석재포장은 딱딱하고 무표정한 재료로 알려져 있으나, 이 도시
에 있어서는 오히려 따뜻한 정감이 전해진다. 도시 내 공공환경에 다양한 규
격의 석재가 아름다운 패턴을 이루며 매우 정성스럽게 설치되어 있기 때문
일 것이다. 앞서 살펴본 베힐레의 경우처럼, 프라이부르크의 포장환경 역시
과거의 전통으로부터 비롯된 것이나, 오늘날에도 새로운 진화와 발전을 계
속하고 있다.

1 _ 건강한 바닥환경. 공사가 진행되어 인적이 드문 환경에서는 풀이
자라고 있다.
2 _ 도심 차도구간의 포장환경
3 _ 횡단보도의 포장
4, 5 _ 뮌스터 대성당 광장 내 포장 디테일

석재로 이루어진 프라이부르크의 바닥포장은 하이힐 걸음에는 다소 불편할 듯하나, 도시환경에 있어 여러 긍정적인 효과를 제공한다. 무엇보다도 견고하며 안정감이 있는 이 자연포장재는 중세풍의 건물 분위기와 잘 조화된다. 다소 투박스러워 보이는 재료의 물성物性은 도심 내 차량진입을 억제시키며, 불가피하게 진입한 비상차량 역시 시속 30km 이하로 제어하는 데에 기여한다. 프라이부르크 석재포장의 많은 부분은 뮌스터 광장에서 보았듯이 빗물을 지하수로 유입시키는 건강한 구조로 형성된다. 아울러 서로 다른 규격과 색깔의 재료가 어울려 일정한 모듈과 패턴을 형성함으로써 도시환경에 리듬감과 질서를 제공한다. 이렇듯 구도심구간에서의 거친 바닥포장은 이 도시의 환경을 오히려 풍부하게 함으로써 '장소 만들기place maker'의 바탕환경이자 핵심장치를 이루고 있다.

프라이부르크의 모자이크 포장을 소개하는 안내서(자료출처: Marianne Willim & Rudiger Buhl(2005))

프라이부르크 시민들은 '모자이크 포장 방식'을 통해 그 속에 담겨있는 기호와 상징들을 읽으면서 환경과 소통한다. 잘 알려진 대로 '모자이크mosaic'란 밑그림을 미리 그리고 그것을 조각낸 다음, 각 조각마다 종이나 금속, 유리 따위의 재료를 한 조각씩 붙여나가는 기법이다. 도시 가로와 광장 바닥에 돌 재료를 사용하여 모자이크의 공예작업을 실시한 프라이부르크 구도심은 오늘날 관광객의 시선을 사로잡으며, 그들을 오래 머물게 한다. '도시적 스케일의 세공細工 작업'으로 표현할 수 있는 수작업으로 이루어진 포장패턴의 양과 종류는 미처 셀 수 없을 정도로 많고 다양하여, 이 도시를 찾는 방문객에게 '새롭게 발견하는 즐거움'을 제공한다. 시내의 서점과 안내센터에는

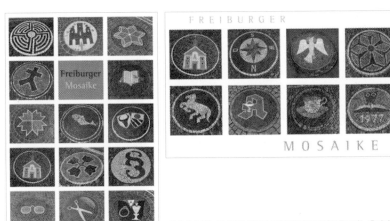

이 도시에 있는 모자이크 포장의 아름다움과 다양성을 홍보하는 우편엽서들

프라이부르크의 아름다운 모자이크 포장을 소개하는 단행본과 우편엽서들이 빼곡히 진열되어 있다.

또한, 프라이부르크는 이 도시와 관련된 사건과 인물들을 도처에 각인시키고 있다. 자유의 성城 프라이부르크를 모티브로 한 주물 프리캐스팅precasting 제품과 작은 신주처럼 형성된 장식들 역시 도처에서 발견되나, 더욱 특기할 만한 것은 '이름 돌려주기Den Opfern ihre Namen Zurügeben'라고 칭해지며, 바닥에서 빛나는 작은 환경요소들이다. 황동주물로 제작된 작은 포장에 새겨진 이름들과 관련 기록은 해당 장소의 부근에서 살다간 사람들을 기리면서 추억

이 지역에 살다간 사람들을 기리는 '이름 돌려주기'의 포장

프라이부르크 문장이 새겨진 신주 포장        그레이팅에 새겨진 프라이부르크의 상징

하고 있다. 프라이부르크 시내에 위치한 이들 환경요소의 전체적 배치와 관련된 인물, 그들의 요약된 생애는 같은 제목의 책으로 만들어져서 판매되고 있기도 하다. 이렇듯 프라이부르크의 포장은 도시환경 내 세월의 지층을 두텁게 하는 장치로서 큰 기여를 하고 있다.

## 모자이크 포장과 프라이부르크

### ■ 모자이크 포장의 전통

프라이부르크는 모자이크 포장의 전통을 현재까지 계승, 발전시키고 있는 도시로서, 그 구도심에는 하나하나의 돌들을 정교하게 다듬어 아름다운 문양을 형성한 포장단위들이 도처에 가득하다. 공공공간인 가로 상에 다양한 색깔과 규격의 돌들이 조합되어 아름다운 문양을 직조하고 있는 모자이크 포장은 차라리 예술적이기까지 하다.

물론 그 옛날 아시아 지역에서도 성행했던 모자이크 문양포장이 프라이부르크라는 도시에서만 있어왔던 것은 아니다. 옛날부터 모자이크를 활용한 포장 방식은 부를 상징하는 수단으로서 시공간을 초월하여 사용되었었다. 서양의 경우에도 성경의 요한복음 19장 13절이 묘사하는 솔로몬과 빌라도 시대의 환경에서처럼 오래된 기원을 갖고 있으며, 폼페이 시대 때에는 대리

268

석을 사용하여 길거리의 환경을 밝게 하는 전통이 있었다고 한다. 이러한 모자이크 포장 방식은 로마시대 때에도 성행하였으나, 그 후로 점점 쇠퇴의 길에 접어들었다.

오늘날 플라스터러의 작업 광경

공공기관에서 포장환경을 유지, 보수하고 있는 모습

모자이크 포장이 쇠퇴하기 시작한 원인은 아이러니하게도 부의 축적과 역사의 발전으로부터 찾아진다. 즉, 과거에 만들어졌던 아름다웠던 길들은 16, 17세기 때의 경제발전과 함께 진행된 도로의 개선작업을 통해 거의 없어지게 되었다. 18세기 계몽시대 때의 혁명과 전쟁 역시 모자이크 포장의 아름다운 길을 파괴한 주범이었다. 이러한 와중에서도 프랑스의 파리Paris와 같은 일부 도시는 전통적인 모자이크 포장 방식을 유지, 발전시키기 위해 노력한 결과, 18세기 중엽에는 모자이크 포장의 전문가를 지칭하는 '플라스터러 Pflasterers' 라는 직업이 등장하기에 이르렀다.

## ■ 프라이부르크의 모자이크 포장

도로환경의 개조연도를 새긴 포장 패턴을 프라이부르크 구도심에서 자주 볼 수 있는 것처럼 모자이크 포장은 이곳 도시의 역사와 깊게 관련되어 있다. 프라이부르크의 최초의 플라스터러Pflasterers는 알로이스 크램스Alois Krems 라고 알려져 있다. 프라이부르크로 오기 이전, 프랑스 남부 지역에서 모자이크 포장 관련기술을 익힌 그는 1858년부터 뮌스터 성당 뒤쪽인 컨빅스스트라세Konviktstraβe에 살았다고 한다. 이때는 차량교통과 상충되기 시작한 도시수로 베힐레Bächle를 도로의 가장자리로 옮기던 시기였다. 그는 이 시기 프라이부르크의 도로 개조작업에 참여하여, 검정색 현무암을 기조로 쓰면서 흰색 대리석의 동그라미 속에 모자이크 문양을 만들어 내는 한편, 도로에 놓이는 가로시설물을 모듈module로 한 포장패턴을 개발하고 이를 적용하였다.

한편, 2차 세계대전이 한창이던 1944년 11월 27일 엄청난 공습으로 인해 프라이부르크 구도심의 80% 정도가 파괴되었다. 이때 도로의 경우, 약 38km 정도의 구간이 피해를 입은 것으로 집계되었다. 그러나 프라이부르크에 적용되어왔던 모자이크 포장은 전후 수복과정을 통해 옛날의 장인들이 그래왔던 것처럼, 과거의 것을 의미가 바뀌지 않게 보존하면서 더욱 아름답게 만들었다. 그래서 2차대전 이후의 시기를 오히려 모자이크 포장의 르네상스라 칭하기도 한다.

1970년대에 이르러서는 구도심 전체가 보행자전용구역으로 바뀌면서 인도가 넓어지게 되었다. 이제 플라스터러들은 단위모듈의 모자이크 작업뿐만 아

1 _ 카이저 요제프 스트라세의 포장 패턴
2 _ 뮌스터 스트라세의 포장 패턴
3 _ 스타트 스트라세의 포장 패턴

4 _ 뮌스터 광장의 포장 질감
5 _ 스타트 시에터 입구 부분의 포장
6 _ 주변의 환경과 일체화되면서 가로공간에 리듬감을 부여하는 포장환경
7 _ 횡단보도 대기공간의 포장환경

니라, 길 전체를 대상으로 할 수 있게 되었다. 빨간색 돌로 네모의 패턴을 만들고 하얀색 돌로 장식한 카이저 요제프 스트라세, 뮌스터 대성당 쪽의 직선도로를 흰 대리석의 경계선을 따라 기하학적 패턴의 신비로운 도형으로 장식한 뮌스터 스트라세 등의 환경이 이때 개조된 대표적인 구간이다. 재미있는 것은 뮌스터 광장의 경우로서, 잘 다듬지 않은 투박한 돌 그대로를 사용하였다. 반면, 운터린덴 광장에서는 빨간색과 어두운 색의 돌을 섞어서 마리아 분수를 강조하고 있다. 이렇듯 개별 장소의 환경마다 모자이크 패턴과 기법이 달리 적용되었다. 바닥에 새긴 자수 화단처럼 모자이크 포장 패턴은 프라이부르크 구도심의 환경을 더욱 풍부하게 하고 있다.

## 주제유형별 포장환경

모자이크 포장 패턴이 표상하는 대상은 무척 다양하다. 무엇보다도 공공공간에 시행되는 환경이기 때문에 해당 행정기관의 심볼 등이 연상되는 것은 당연하다 할 것이다. 그러나 프라이부르크의 모자이크 포장은 이러한 공공적 관점은 물론이고, 상행위와 관련된 민간의 영역까지도 교묘히 포괄하고 있다. 그리고 오래 전부터 시작된 이 포장방식이 표현하는 시점이 과거에만 머물러 있는 것이 아니다. 이 도시의 모자이크 포장에는 과거의 기억은 물론이고, 오늘날의 상황과 나아가 미래지향적인 환경 등이 다양하게 전개되고 있다.

이 도시의 모자이크 포장은 표현방식의 측면에 있어서도 변화무쌍하다. 권위가 요구되는 심볼은 엄숙 단정한 반면, 어떤 환경들은 재치와 위트로 무장하고 있다. 패턴이 담기는 용기가 되는 기본모듈은 대개 원형의 것이 활용되고 있지만, 이 형태를 벗어나 독창적인 환경들이 다수 발견되기도 한다. 이러한 이유들로 인해 이 도시 내 공공공간에 새겨진 다양한 표상들은 도시환경에 흥미를 더해주며, 시민과 친숙하게 소통할 수 있었던 것으로 여겨진다. 이

도시에 새겨져 있는 모자이크 포장패턴을 기능이라는 큰 관점에서 구분하여
보도록 한다.

■ 도시의 상징

프라이부르크의 도시 문장紋章은 흰색 방패를 바탕으로 붉은 색 십자가가 그
려진 비교적 단순한 형태이다. 이렇듯 단순하고 강력한 상징도형은 이 도시
내 다양한 장소에 적용되고 있는데 그중에서도 시청과 같은 관공서에서는 당
연히 필수적으로 등장한다. 아울러, 과거 성읍도시 시절을 회상케 하는 성 위
에 나팔수들이 있는 모습을 표현하고 있는 패턴도 자주 등장한다. 이에 더하

프라이부르크의 전통적인 상징문장을 표현한 포장들

성읍도시의 상징문양 포장

카이저 요제프 스트라세 중 바슬러호프    세 마리의 사자가 표현된 바덴뷔르템베
(Baslehof) 입지구간의 포장패턴         르크 주 문장의 포장

여 카이저 요제프 거리에 위치한 역사적 건물 바슬러호프Baslerhof 건물의 전면에는 이 도시가 속한 바덴뷔르템베르크 주의 문장을 중심으로 다른 주들의 문장들이 장식되어 있다.

■ 역사와 사건의 기억

이곳의 포장은 그들이 사랑했던 사람들이나, 사건들을 기억하는 장치로도 활용된다. 도시 전체의 관점에서는 그들과 자매도시의 연을 맺은 외국의 도시들을 그들의 문장 양식을 빌어 기념한다. 이러한 포장이 도입되고 있는 장소는 당연히 프라이부르크 청사의 전면광장이다.

도시적 관점에 있어서 과거에 일어났던 중요한 사건 역시 기록되고 있다.

예를 들어 프라이부르크 대학의 설립과 관련된 기념문장은 대학시설 앞에 자랑스럽게 새겨져 있다. 또한 종교적 신심이 강한 이곳 시민들은, 비둘기로 상징되며 노약자를 돌봐준다고 알려져 있는 성령聖靈이 관계문헌에 처음으로 기록된 1255년을 잊지 않고자 상징적인 포장문양으로 기억하고 있으며, 1978년에 정해진 '천주교의 날' 역시 콘빅트스트라세에 위치한 성당 앞에서 기념되고 있다.

시청 전면광장의 바닥포장. 자매도시 문장들이 어울려 둥근 원형을 이루고 있다.

시청 전면광장 내에 위치한 자매도시의 문장들

1978년 정해진 '천주교의 날' 의기념포장

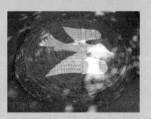

프라이부르크 대학과 연관된 포장 패턴　　1255년 언급된 성령의 상징인 비둘기의기록

이곳 환경과 관련된 다채로운 기억들이 모자이크 포장에 새겨져있다.

카이저 요제프 스트라세의 유로 통합 문양

이와 함께 개별적인 것으로서 작지만 개개인들에게는 소중한 역사적인 것들 역시, 모자이크 포장의 주제로 자주 등장한다. 이러한 문양들은 이곳에서 일어났던 사건들을 기억케 하며, 시간의 지층을 두텁게 하는 장치로서 유용하게 활용된다. 이곳에서 살다간 학자, 이 건물을 개축한 시기, 상점을 오픈한 날 등 다양한 모습으로 나타난다.

■ 상점 기능의 표상

모자이크 포장이 수행하는 다양한 기능 중의 하나는 상점 기능의 표상이다. 구도심에 위치한 건물이나 상점 입구 곳곳에는 내부의 기능을 드러내는 모자이크 문양이 눈길을 사로잡는다. 머리를 다듬는 헤어살롱 앞에는 가위와 빗이, 커피숍에는 찻잔이, 구두점의 경우에는 장화 모양이 바닥 포장에 상징적으로 표상되어 있다. 또한 같은 양식으로 등산용품점과 안경점 등의 입구에서도 입점한 기능을 짐작케 하며, 그들의 전통과자 브리첼을 놓고 다투는 사자들처럼 익살스러운 내용들도 많아 행인들에게 미소를 제공한다.

이러한 환경은 개별적인 상점 단위로 시행되는 경우도 있지만, 많은 경우 가로환경의 단위로서 시행된다. 아름다운 작은 골목길 아우구스티너 가세 Augustinergass를 비롯한 여러 곳의 가로에는 전체 패턴 속에 부분적인 상점 기능을 표시하는 포장이 아름답게 조화를 이루고 있다. 또한 프라이부르크의 포장 패턴은 단체와 조합을 표상하기도 하며, 상점의 명칭이나 기능을 상징하기

1, 2 _ 아우구스티너 가세(Augustinergass)의 아름다운 포장과 디테일들
3 _ 빵집 앞의 바닥포장. 사자들이 전통과자 브리첼을 서로 먹으려고 다투고 있다.

도 한다. 대개 이러한 양식은 일정 규격의 동그란 원 안에서 행해진 것이 대부분이지만, 사각형 등의 모습으로 그 틀을 벗어나 있는 것도 종종 눈에 띈다.

바닥에 상점의 기능을 상징적으로 나타내는 이러한 포장 패턴의 기원은 수백 년 전으로 거슬러 올라간다고 한다. 이후 대표적인 문양을 통해 어떠한 종류의 상점인지를 단번에 시각적으로 전달하는 포장 방식은 꾸준히 진화를 거듭해 시민들과 관광객들을 맞이하고 있는데, 최근에 만들어진 포장 환경 중에는 상점의 로고를 바닥포장에 새겨놓은 것이 많아지고 있다. 빗과 가위처럼 직설적이지 않은 문양이 늘고 있어, 관광객들은 바닥 문양을 보고 어떤 상점인지를 맞춰보는 소소한 즐거움을 맛볼 수도 있다.

| 단체나 조합, 상점 기능의 상징 사례

헤어살롱

재봉틀 점

커피숍

등산용품점

서점

보석점

안경점

케익점

구두점

칼 등 강철제품 판매점

전통 증류주류 판매점

맥주집

다이아, 보석점

전통과자 브리첼 판매점

치과

상점의 로고와 상징 등을 직접 바닥 포장에 새겨놓은 최근의 모자이크 포장 패턴들

■ 종교적 모티브

  교회, 수도원, 사제관과 같은 곳에는 그들의 종교적 신념을 표상하는 상징들
이 바닥에 많이 새겨져 있다. 예를 들어 뮌스터 광장 한쪽에는 빨간 십자가 문
양이 새겨진 황금방패가 대주교구를 상징하면서 아름답게 장식되어 있으며,
사제관과 같은 관련 건물의 입구 등에는 뮌스터 대성당을 상징하는 큰 대大자
모양의 기호가 새겨져 있다. 또한, 작은 교회와 성당들마다 그들의 건축물을
상징적으로 표현하여 고유의 문양으로 새기는가 하면, 구 시청사 앞 광장에
면한 프란시스 수도원 회랑 쪽에는 붉은 색의 심장에 박힌 십자가 문양으로
종교적 열정을 드러내고 있다.

1 _ 뮌스터 대성당의 광장 내에 새겨진 대주교구의 상징 문양
2 _ 프라이부르크 대학 관련 교회의 입구
3, 5 _ 프란시스 사제관의 전면부
4 _ 뮌스터의 상징적 심볼, 포장과 입구 대문 등에서 반복되고 있다

■ 현대적 진화

　모자이크 포장은 과거의 타입만을 반복하는 것이 아니다. 정원박람회가 열렸던 호수공원 제팍see park에는 프라이부르크를 구성하는 다양한 지역의 새로운 문장들이 어울려 장식되어 있다.

　그리고 필요에 따라 다양한 문양들이 개발되어 적용되고 있다. 축구공 문양과 그들이 사랑하는 프로축구클럽 SC 프라이부르크의 심볼, 장애인 주차장 또는 주차금지 등을 공지하는 사인 등은 좋은 예라 할 수 있다.

축구공 모양의 패턴

스포츠클럽 SC 프라이부르크의 상징물과 기념품 판매소

장애인 주차장

주차금지

■ 기타 장식문양

　이상과 같은 포장패턴 이외에도 수 없이 많고 아름다운 장식용 포장들이 곳곳에 위치하고 있다. 꽃과 화초 등을 소재로 하거나 기하학적 패턴의 아름다운 문양들은 도시환경의 곳곳에서 아름답게 피어난다.

다양한 장식문양 포장들

## ✤ 기타 환경요소

이제까지 언급한 도시수로 베힐레와 모자이크 포장 이외에도 프라이부르크를 아름답고 기능적이게 하는 다양한 환경요소들이 있다. 이제부터는 프라이부르크의 구도심에서 발견되는 나머지 환경요소들의 특징을 간단하게 언급코자 한다.

### 간판과 그래픽 요소들

프라이부르크 구시가지 내의 간판은 정해진 위치에 위압적이지 않으면서도 개성만점의 형태로 매달려있다. 이를 보면 이 도시 내 정보전달을 위한 그래픽은 양이나, 크기, 정보의 강렬함을 통해서가 아니라, 그 질과 아이디어를 통해 이루어지고 있다는 것이 확인된다. 모자이크 포장 패턴에서 느낄 수 있었던 것처럼 이들 간판 역시, 인간적 체취가 묻어나는 아날로그적 수공예풍 감각이 넘쳐 정감을 더해준다. 그리고 몇몇 간판은 전술한 수공예의 모자이크 포장 패턴과 연계하여 사용함으로써 그 효과를 극대화하고 있다. 건물 입구에서 인지되는 바닥의 포장 패턴이 고개를 들면 어느새 간판으로 전환되어 드러나 있는 것이다.

1 _ 포장 패턴과 반복 적용되고 있는 간판요소. 1387년부터 손님을 받아온 독일 내 가장 오래된 음식점으로 손꼽히는 레스토랑의 간판과 바닥포장
2, 3 _ 벽체 내 그래픽과 바닥포장의 일체화로 장소의 영역성을 강화하고 있다.

구도심의 아름다운 간판들

1, 2 _ 벽체의 기둥형 조형물이 환경의 정체성을 표출하고 있다.
3, 4 _ 축제 시 장식되는 일시적 간판요소들
5, 6, 7, 8 _ 뮌스터 대성당 주변건물에서 발견되는 마리아와 수호천사의 상들

　엄밀한 의미에서 간판이라 할 수는 없으나, 건물이나 상점의 정체성을 강화하기 위하여 간판과 유사한 요소가 활용되기도 한다. 뮌스터 대성당을 둘러싼 주변 건물에 장식되어 있는 성모상이 장소의 분위기를 더욱 강화시켜 주고 있는 것과 같이, 건물 외벽에 그려진 벽화와 장식용 기둥 등은 도시환경에 풍요로움을 전해준다. 벽체 등에 그려지거나 새겨져 있는 그래픽 요소들은 경우에 따라 간판의 역할을 대행하기도 한다. 물론 이 도시만의 현상이라 할 수는 없으나, 축제가 벌어질 때에 도시의 외벽은 다양한 장식으로 가

득하다가 그 시기가 끝나면 철거된
다. 봄날의 축제와 크리스마스 시즌
등에 더욱 왕성히 설치되는 이들 환
경은 일시적 도시경관요소이다.

하천 벽면의 그래피티

유럽의 도처를 휩쓸고 있는 그래
피티는 이 도시에 있어서도 넘쳐난
다. 지하도, 육교, 가설시설, 심지어
가로시설물 등에 장식되는 이 그래
픽 요소는 도시환경에 활력을 주기
도 하지만, 어떤 경우에는 환경 자체
를 폐허화하는 경향이 있다. 특히 유
서 깊은 환경에도 무분별하게 넘나
드는 이들 요소는 반사회적 정서를
우울히 던져준다.

지하보도의 그래피티

### 조형물과 가로시설물

프라이부르크 구도심은 고딕의 도
시로 칭해지는 환경답게 이곳저곳
에서 유서 깊은 동상과 분수 등을 만
날 수 있다. 그러나 이곳의 조형물과

그래피티를 청소하는 광경

가로시설물에서도 전통적인 이미지를 넘어 새로운 감각의 조형물이 옛 것과
사이좋게 공존하고 있는 모습을 엿볼 수 있다.

프라이부르크의 가로시설물street furniture은 독일 내 다른 도시에서 흔히 볼 수
있는 둔중하고 견고하며 안정된 느낌을 제공하는 것이 전형을 이룬다. 즉 이

뮌스터 광장의 볼라드

도시의 가로시설물에서 반짝이는 감각적 디자인은 의도적으로 배제되어 있는 것처럼 여겨진다. 그리고 앞서 모자이크 포장을 설명하며 언급하였듯 가로 상에 존재하는 시설물들은 포장재가 지정하는 위치에 도열하듯 자리를 잡고 있어 가로환경에 질서감을 부여한다.

　이곳 구도심의 가로시설물들 중 오래된 조형물처럼 세월의 흔적이 담겨있는 환경요소들이 눈에 띤다. 유서 깊은 장소인 뮌스터 광장의 볼라드, 아우구스티너 광장의 고인돌 등이 대표적인 환경으로, 이들을 통해서도 역사도시의 연륜이 전해진다.

1, 2 _ 전통적 조형요소들
3, 4, 5, 6 _ 현대적 조형요소와 가로시설물들
7, 8 _ 도시 내 화장실

반면, 조형적 처리가 가미되어 환경조형물처럼 느껴지는 시설물과 환경수도의 이미지를 드러내는 새로운 환경들이 발견되기도 한다. 태양열 전지판이 생산하는 에너지를 사용하여 가동되는 주차관리시설, 도시의 환경적 상황을 종합적 정보로서 알려주는 환경 키오스크, 장애자들이 이용에 불편이 없도록 시설된 도심 내 화장실 등이 그것으로, 사회적 교감과 약자에 대한 배려가 느껴진다.

　앞서도 언급한 바 있으나, 트램tram에 전기를 공급하기 위해 시설되어 있는 콘크리트 기둥 하부에는 어김없이 덩굴성 식물이 심겨져 있다. 봄에 새 싹이 나기 시작하여 여름의 푸르른 잎을 보여주다가, 가을에 붉은 단풍으로 지는 녹색기둥은 환경도시의 이미지와 크게 부합되어 보였다. 여기에 더해 자전거주차시설이 경계석을 대신하는 것처럼 위치하거나, 새로운 인프라의 환경으로서 입지하고 있어 녹색교통의 도시환경을 극명히 드러내고 있다.

에필로그:
프라이부르크가
전하는 말

　이제까지 프라이부르크라는 도시의 이모저모를 살펴보았다. 여행자의 호기심 어린 눈이 아니라 생활자의 일상적인 시선으로 프라이부르크를 바라보고 감추어진 속살을 드러내보이고자 했는데, 소기의 목표를 달성했는지 모르겠다. 찬찬히 되돌아보니 거의 맹목에 가까운 칭찬 일색이 아니었냐는 이야기를 들을 수 있겠단 생각도 스친다. 당연히 이들의 환경 역시 사람 사는 세상이라 완벽할 수 없을 것이나, 최대한 따뜻한 마음으로 이들의 환경을 대하고자 했던 선의에서 출발한 탓이 아닐까 싶다. 1년이라는 짧다면 짧고 길다면 긴 시간 동안 그들 '사이'에서, 또 그들의 환경 '속'에서 관찰자가 아닌 산책자로 살고자 했던 마음을 이해해 주셨으면 한다.

　이제 프라이부르크 들여다보기의 여정을 마무리하며, 필자의 짧은 식견으로나마 이 도시를 통해 깨닫게 된 몇 가지 메시지들을 정리해보고자 한다. 이 완벽할 수 없는 잠정적 결론은 지금까지 이 도시와 관련된 논의를 끌고 온 필자의 최소한의 도리이기도 하면서, 이를 토대로 향후 논의의 장이 보다 활짝 피어났으면 하는 바람을 담은 것이다.

## 전통의 계승 및 수용과 변용

　　　　　　　　　　　프라이부르크는 전통의 가치를 아는 도시였다. 2차 세계대전의 폐허 속에서도 과거의 건축적 맥락

과 질서를 계승하여 복구한 환경들, 100여년 넘도록 도시의 기간교통망 역할을 담당하고 있는 도시철도 트램tram, 도시 물길 베힐레와 모자이크 포장 패턴들은 과거의 전통을 계승하고 있는 소중한 환경들로서 이 도시의 매력을 강화하는 대표적이며 상징적인 환경요소들이다.

전통을 계승하고 있다고 하여 프라이부르크가 그 옛날의 향수에만 기대어 있는 도시도 물론 아니었다. 구도심 내 중세풍 건축물들은 박제된 과거의 골동품적 환경으로서가 아니라, 시대적 요청을 담고 있는 복합용도의 환경으로, 많은 경우 태양광에너지라는 첨단기술의 외투를 겹쳐 입고 있기도 했다.

이렇듯 '고딕의 도시' 라는 전통의 환경이 '솔라 에너지' 라는 과학의 산물과 충분히 조화롭게 결합되고 있는 사례를 통해, 환경설계분야에서의 생태와 디자인의 통합, 그리고 에코eco라는 동일한 접두사를 갖는 경제와 생태의 발전적 결합의 가능성을 읽을 수 있었다.

## 녹색성장과 산업

프라이부르크는 '녹색성장' 의 성공사례로서 주목받고 있는 도시이다. 이 도시에 있어 건강한 모듬살이를 지칭하는 '생태ecology' 와 산업으로서의 '경제economy' 는 서로 반목하지 않

고 유기적으로 결합되어 시너지synergy효과를 달성하고 있다. 그러나 이러한 조화는 거창한 이념이나 행동강령에 의해서라기보다, 오히려 역설적으로 '기본에 충실한 것'을 통해 이루어지고 있는 것처럼 여겨졌다.

즉, 이 도시에게 주어지고 있는 영예는 더불어 살아가는 국제사회의 일원으로서 지켜야할 아젠다Agenda에 충실해 왔던 것, 더불어 살아가야 할 건강한 도시환경을 위해 다소 불편하더라도 (에너지와 교통분야 등에서) '삶의 방식'을 바꾸어나간 것, 더디더라도 이해집단 모두가 참여하고 토론함으로써 사회적 합의를 이끌어내어 왔으며, 도출된 합의를 꾸준히 실천해온 것, 분야의 노력을 최고조로 하기 위해 프라이부르거믹서Freiburger Mixer를 전면적으로 가동하면서 효율화를 위해 노력해온 것 등과 같은 '기본기'들에 의해 이루어진 결과로서 이해된다.

## 생태, 문화, 사회

프라이부르크의 환경은 생태적으로 건강하다. 또한 다양한 문화적 기회가 개방적으로 열려있으며, 특히 보봉Vauban과 리젤펠트Rieselfeld 단지의 사례에서 볼 수 있듯 '사회적 소통'을 강조하는 건강한 구조를 갖추고 있다. 이렇듯 생태와 문화, 더 나아가

사회적으로도 건강한 환경은 도시경쟁력을 위한 튼실한 밑거름이 되고 있다.

생태적인 것은 기본이고 사회문화적으로 건강한 환경을 지향하는 이곳의 환경은 환경설계분야에 있어 특정 분야에 매몰되지 않는 통합적 성찰을 요구하고 있다. 주지하다시피 환경은 삶의 터전이라는 점에서 생태적인 고려가 요구되는 대상임이 자명하다. 아울러 환경에 대한 계획 및 설계는 하나의 산업이기 이전에 사회적 영역에서 발생되는 행위로서, 같은 시공간상의 삶을 영위하는 사람들의 문화적 인식을 바탕으로 독특한 풍광을 담아내는 그릇을 만드는 작업이라고 할 수 있다. 이러한 의미에서 환경설계 영역의 확장가능성은 환경, 문화, 사회의 통합적 관심으로부터 찾아져야 할 것이라는 '원론적인 문제'가 다시 떠오른다. 왜냐하면 건강하고 지속가능한 환경이란 생태적인 측면에 국한된 문제만이 아니라, 구성원들의 삶 속에서 상호 관계하며 실존하는 문제이기 때문이다.

## 장소, 장소성

프라이부르크는 인간 중심의 전통적 가치가 오늘날에도 여전히 유효하다는 점을 증명하는 도시처럼 보인다. 보행가로와 커뮤니티와 같은 측면에 방점을 두는 이곳의 환경은 '사람 부재',

'생활 부재'의 근대 도시계획을 타파하기 위해 주창되어온 '생활자의 논리'로서 건축적 맥락, 거리 구조의 연속성, 보행자 스케일 등을 충실히 반영하고 있다. 이런 점에서 프라이부르크는 고딕의 전통을 계승하고 있지만, 포스트모더니즘의 또 다른 사례라 칭할 수 있을 것 같다.

이 도시를 구성하는 여러 단지들과 장소환경들을 소개하면서, 오늘날 자극적이고 현란한 이미지와는 다르게 대부분의 환경들에서 과장이나 군더더기를 느끼기 어려웠음을 고백한다. 오늘날 매스미디어가 다투어 공급하고 있는 화려한 이미지에 익숙해진 안목 높은 독자들에게 이곳의 환경이 어떻게 비쳐질지 사뭇 걱정될 정도였다. 그러나 화장기 없는 맨얼굴과 내면이 그대로 드러나는 도시의 환경은 오히려 진솔한 느낌으로 다가왔다. 이는 평면도나 조감도에서 보이는 허장성세보다 실제 삶의 터전에서의 내용과 실리를 중요시하는 이들의 사고방식을 반영하는 것으로도 이해할 수 있을 것이다.

## 내일의 환경, 준비해야 할 태도

결과적으로 프라이부르크는 녹색교통과 재생에너지가 강조되는 매우 독특하면서도 중층적인 '기반시설로서의 경관'이 형성되어 있다. 즉, 중세의 전통이 잘 보존된 도

시에 첨단과학의 태양열시설이 부가된 경관은 '상충적 조화'라 부를 만한 도시경관이며, 녹색성장이 시대의 화두로 등장한 오늘날 우리가 준비해야 할 것이 무엇인지를 보여준다. 프라이부르크에서 다소 생경한 모습으로 등장하고 있는 인프라경관이 우리에게 새로운 성찰을 요구하고 있는 것이다.

　이제는 많은 엔트로피entropy를 투여하면서 덧없는 치장과 장식에 매몰되어온 이제까지의 행위에 대한 반성을 바탕으로, 다가오는 미래를 위해 새로운 성찰의 방향을 모색해나가야 하지 않을까. 또한 우리의 환경설계분야 역시 그간의 '소비적 양태'를 넘어, 생산 또는 이윤을 창출하는 기반시설로서의 가능성에 새롭게 눈을 떠야 할 때가 아닐까. 프라이부르크라는 도시는 이 모든 물음과 그에 대한 대답을 진중하게 보여주고 있다.

참고문헌

국내문헌

| 곽숙희(2000. 10), '독일 프라이부르크와 서비스정신', 월간 『너울』(통권 88호)

| 김해창(2003), 『환경수도, 프라이부르크에서 배운다』, 이후

| 세계일보(2009. 5. 17), '해외판 자동차 없는 도시 만들기'

| 중앙선데이(2008. 12. 28), '21세기 대안의 삶을 찾아서7 - 독일 프라이부르크의 보봉마을'

| 중앙선데이(2009. 1. 18), '독일 '환경수도' 프라이부르크의 실험 - 인구 21만 도시, 녹색 일자리
9400개 만들었다'

| 차미숙(2003. 3), '독일의 환경수도 - 프라이부르크', 『국토』(통권 257권)

| 편집부(2006. 12. 6), '햇볕이 든 자리, 희망이 싹트다', 『한겨레21』(통권 638호)

| 편집부(2007), 『세계를 간다. 해외여행가이드6, 독일』, 랜덤하우스

| 편집부(2007), 『Just go 해외여행가이드북9, 독일』, 시공사

| 한국일보(2009. 6. 13), '독일 차 없는 마을 살맛나요'

| 홍윤순(2009. 6), '독일의 환경 · 문화도시 프라이부르크 이야기(1) - 키워드를 통해 본 프라이부르크
의 중층성', 계간 『조경생태시공』(통권 54호)

| 홍윤순(2009. 9), '독일의 환경 · 문화도시 프라이부르크 이야기(2) - 도시를 움직이는 소프트웨어와
결과론적 경관', 계간 『조경생태시공』(통권 55호)

| 홍윤순(2009. 12), '독일의 환경 · 문화도시 프라이부르크 이야기(3) - 도시의 오픈스페이스와 장소
들', 계간 『조경생태시공』(통권 56호)

| 홍윤순(2010. 3), '독일의 환경 · 문화도시 프라이부르크 이야기(4) - 근교의 공원녹지와 흑림 속 마
을', 계간 『조경생태시공』(통권 57호)

## 국외문헌

| Alexander Huber, Achim Kflein(2008), Freiburg, edition-kaeflein.de

| Freiburg im Breisgau 환경보호국, Solar Region Freiburg - The Environment is our Enterprise (한국어판 자료)

| Freiburg im Breisgau, Freiburg Green City - Approach to Sustainability

| Freiburg im Breisgau, Freiburg Official guide, 31th edition

| Freiburg Wirtschaft Touristik und Messe GmbH & Co. KG(2009), Freiburg - Hotel Arrangements, City Tours, Accommodation Guide

| Freiburg Wirtschaft Touristik und Messe GmbH & Co. KG(2009. 3), Freiburg Aktuell

| FWTM(Management und Marketing für die Stadt Freiburg), Bächle, Brunnen und Kanäle - Wasserstadtplan der Freiburger Innenstadt

| Joachim Scheck & Magdalena Zeller(2008), Das Freiburger Bächlebuch - Spaziergänge zur Geschichte der Freiburger Bächle und Runzen, Promo Verlag GmbH, Freiburg

| Let's see Freiburg - The guide to the heart of the City

| Marianne Willim & Rudiger Buhl(2005), Pflastermosaiken in Freiburg, Promo Verlag GmbH, Freiburg

| Marktplatz: Arbeit, Sädbarden-Magazin und Messe für karriere, aus-und weiterbildung, 2009.03(Okt./Nov./Dez)

| Marlis Meckel(2006), Den Opfern ihre Namen Zurägeben -Stolpersteine in Freiburg, Rombach Verlag

ㅣ Naturpark Südschwarzwald(2009), Südschwarzwald Radweg

ㅣ Peter Kalchthaler(2003), Die Reihe Archivbilder Freibrug im Breisgau, Sutton Verlag GmbH

ㅣ RVF(2009), Hochschwarzward Fahrplan2009

ㅣ Sportclub Freiburg(2009. 9. 27), Heimspiel (Das Stadionmagazin)

ㅣ Stadt Freiburg im Breisgau(2005. 8), Solarführer Region Freiburg

ㅣ Stadtteilverein Vauban e.V.(2007), Quartier Freiburg Vauban - Ein Rundgang · Une Visite, Stadtteilverein Vauban e.V.

ㅣ The new district of Rieselfeld

**기타 매체**

ㅣ KBS, 세계는 넓다(2006. 6. 15 방영), '닮은 듯 다른 두 도시의 매력 - 프라이부르크, 스트라스부르크'

ㅣ KBS, 세상은 넓다(2002. 3. 25 방영), '작은 도시가 아름답다. 독일 프라이부르크'

ㅣ KBS, 환경스페셜(2004. 5. 19 방영), '세계의 생태도시 제2부 - 시민의 힘 녹색도시를 만들다. 독일 프라이부르크'

ㅣ KBS, 환경스페셜(2005. 1. 12 방영), '태양의 도시'

〈지도 등 기타자료〉

ㅣ Freiburg im Breisgau(2007. 8), Die City im Maβ stab - Citymap mini(1: 4,500, 1:50,000)

ㅣ Freiburg im Breisgau(2007. 8), Freiburger Fahrrad-Stadtplan(1: 20,000, 1: 8,000)

ㅣ Freiburg im Breisgau(2009), Amtlicher Stadtplan(1: 15,000, 1: 7,500)

ㅣ Hinterzarten Breitnau Tourismus GmbH, Ortsplan(1: 5,000)

| Management und Maketing für die Stadt Freiburg(FWTM), Erlebnis Freiburg(non scale)

| Regio-Verkehrsverbund Freiburg(2008, 8), Mein Plan für Bus & Bahn(non scale)

| Regio-Verkehrsverbund Freiburg(2008. 8), Regio-Liniennetzplan(non scale)

| Titisee Neustadt, Ferien Magazine(2009)


## 인터넷 자료

| http://cafe.daum.net/Goeuropa

| http://innocity.moct.go.kr

| http://tong.nate.com/rose2525

| http://www.freiburg.de/servlet/PB/menu/1140679_l2/index.html

| http://www.freiburg.de/servlet/PB/menu/1182949_l1/index.html

| http://www.freiburg.de/servlet/PB/show/1180731/rieselfeld_en_2009.pdf

| http://www.freiburg.de/servlet/PB/show/1183190/kurzinfo-neu_en.pdf

| http://www.freiburg-home.com

| http://www.hss.or.kr/A1116Korean.html

| http://www.posco.co.kr/webzine/back/01_10/sub_6.html

| http://www.regiokarte.com

| www.naturconcept-eco.de/services/vauban.html

| www.stadtteilverein-vauban.de

| www.thomas-rees-freiburg.de

| http://blog.naver.com/hiksanin?Redirect=Log&logNo=20060075508

（김철의 사람을 향하는 유럽의 도시디자인）

찾아보기